DES PRINCIPAUX

CHAMPIGNONS

COMESTIBLES ET VÉNÉNEUX

DE LA FLORE LIMOUSINE

DES PRINCIPAUX

CHAMPIGNONS

COMESTIBLES ET VÉNÉNEUX

DE LA

FLORE LIMOUSINE

SUIVI

D'UN PRÉCIS DES MOYENS A EMPLOYER

DANS LES CAS D'EMPOISONNEMENT PAR LES CHAMPIGNONS

PAR

Adrien TARRADE

Pharmacien

2ᵉ ÉDITION, REVUE ET AUGMENTÉE

AVEC SIX PLANCHES CHROMOLITHOGRAPHIÉES

PARIS

J.-B. BAILLIÈRE ET FILS, LIBRAIRES
19, Rue Hautefeuille, 19

LIMOGES

Vᵉ H. DUCOURTIEUX, IMPRIMEUR-LIBRAIRE
RUE DES ARÈNES, 5

1874

Le succès obtenu par ce petit livre, en 1870, lors
de son apparition, m'a engagé à en publier une
nouvelle édition. J'ai fait tous mes efforts pour
le rendre moins imparfait.

Les planches de la première édition, qui n'a-
vaient d'autre mérite que celui de l'exactitude,
ont été remplacées par des dessins exécutés par
un artiste de talent.

L'ouvrage lui-même a été remanié et aug-
menté. J'ai mentionné un certain nombre d'espèces nouvelles, négligées à dessein dans la
première édition et que je me proposais de
traiter dans un ouvrage spécial.

J'y ai ajouté aussi quelques observations nouvelles d'empoisonnements par les champignons,
qui ne paraîtront pas, je l'espère, dépourvues
d'intérêt.

Mai 1874.

INTRODUCTION

La fréquence des empoisonnements par les champignons a depuis longtemps attiré l'attention des médecins et des botanistes, qui ont consacré nombre de traités à l'étude de ces végétaux [1]; mais ces travaux sont jusqu'à présent restés sans solution satisfaisante au point de vue pratique. Les descriptions scientifiques plus ou moins exactes qui ont été données, ne paraissent pas avoir été d'une grande utilité pour le

[1]. Parmi les plus remarquables de ces ouvrages, nous citerons l'*Histoire des champignons de la France*, du docteur CORDIER. — Paris, Rotschild, 1874.

consommateur, à en juger par le nombre toujours croissant des empoisonnements.

Cette regrettable lacune est attribuée par les auteurs les plus récents à la difficulté que l'on éprouve à assigner, dans un traité général, des caractères certains et invariables à des végétaux dont les caractères physiques varient suivant les conditions climatériques, et dont la même espèce se présente quelquefois sous des aspects et des couleurs si variés, que l'œil le plus exercé a souvent beaucoup de peine à les distinguer.

Cependant, ce qui n'est guère possible dans une étude embrassant les végétaux d'un grand pays comme la France, qui comprend diverses natures de terrain et diverses températures, devient relativement facile si l'auteur circonscrit le champ de ses observations dans les limites d'une seule région. Aussi les savants spéciaux expriment-ils le vœu de voir publier, comme moyen efficace de vulgarisation, des traités populaires à la portée de tous les habitants d'une contrée, traités dans lesquels le premier venu apprendrait à distinguer les principales espèces de champignons comestibles de leurs congénères de nature vénéneuse.

C'est ce que je vais essayer de faire pour le Limousin.

Obligé par la nature même de cette notice de me renfermer dans un cadre plus restreint, je bornerai mes descriptions aux espèces salubres les plus usuelles et aux espèces vénéneuses avec lesquelles on pourrait facilement les confondre, soit pour la forme, soit pour la couleur.

Dans un département comme le nôtre, où pullulent indistinctement les espèces comestibles et vénéneuses les plus diverses, un travail, purgé de tout langage scientifique, où l'on se bornera à décrire simplement les principaux champignons en donnant leurs caractères distinctifs, sera sans doute un bien petit travail, mais n'en sera pas moins utile.

En effet, le terrain à demi sablonneux de notre région, sillonné par de nombreux cours d'eau qui y entretiennent une constante humidité, le frais ombrage de nos bois et de nos châtaigneraies, l'étendue considérable de nos terres incultes mettent le département de la Haute-Vienne au rang des plus favorisés sous le rapport de la production des champignons de toutes sortes.

Mais les accidents causés par quelques champignons vénéneux employés sans discernement ont restreint singulièrement l'emploi culinaire de ces végétaux, de sorte que, de nos jours, on ne se hasarde à en consommer que quatre ou cinq espèces parfaitement définies, quoique d'autres puissent être mangées sans danger. Frappé de cette perte réelle pour la consommation, j'avais d'abord songé à indiquer ici un certain nombre d'espèces comestibles inusitées, que l'on trouve abondamment en Limousin ; mais j'ai dû abandonner cette idée en présence de la difficulté que le public éprouverait à différencier ces champignons comestibles de champignons vénéneux d'espèces voisines. Cependant je me propose de revenir sur cette étude dans un travail spécial.

On remarquera que, dans cette notice,

j'ai traité des espèces vénéneuses avec plus de développement que des espèces comestibles. La raison en est simple : s'il est de quelque utilité d'augmenter la consommation, il est d'une toute autre importance de prévenir les empoisonnements.

L'idée de ce travail m'a été suggérée par un remarquable discours prononcé, en 1867, par M. le professeur Barny, à la séance de rentrée de l'École de médecine et de pharmacie de Limoges [1], et surtout par le passage suivant de ce discours :

« Abandonné à son instinct et à ses impressions innées, dit le professeur, l'homme est en butte aux plus funestes méprises.

» La sensualité l'invite à varier sa nourriture ; sa conformation l'y oblige. Il n'a rien pour l'avertir du danger, rien pour lui signaler la salubrité d'un aliment. Le sens du goût suffira-t-il pour l'éclairer ? Le goût se laisse facilement abuser ; il distingue ce

1. *Des Sciences dites accessoires en médecine.* — Limoges, Chatras, 1867, in-8°.

qui le flatte de ce qui lui déplaît. Impressions trompeuses ! — Dans ce qui lui déplaît souvent est le salut, dans ce qui le flatte, la mort.

» Voyez ce qui se passe journellement.

» Ici, après un repas frugal, une famille entière éprouve tous les symptômes d'un empoisonnement ; parce que, dans un jardin et parmi les plantes potagères, il se trouve une herbe vénéneuse, l'éthuse ou petite ciguë, et qu'on l'a prise pour du persil.

» Là, c'est l'interminable légende des sinistres causés par les champignons ; chaque année on compte les victimes par centaines.......

» Dans tous ces cas et dans beaucoup d'autres encore, à défaut de caractères spécifiques faciles à constater pour le botaniste, un peu d'attention aurait suffi pour préserver les victimes. Mais il est aussi des corps dont les propriétés malfaisantes ne sont expliquées et même dévoilées que par de longues et savantes investigations.

» Un danger connu dans ses effets et

dans ses causes est un danger presque évité ; sachons assurer à l'alimentation le bénéfice des découvertes déjà faites, en attendant que les points demeurés obscurs s'éclairent à leur tour. »

Ce sont ces judicieuses observations qui ont servi de base à mon travail.

Suppléer au manque d'études botaniques par un livre populaire, indiquant les ressemblances et les différences qui existent entre les bons et les mauvais champignons, voilà quel a été mon but.

Je m'efforcerai d'être aussi clair que possible, et je m'abstiendrai de tout terme scientifique pouvant jeter de la confusion dans l'esprit du lecteur.

Quant à la division de cette notice, je l'ai trouvée toute tracée dans le mémoire de M Boudier [1], savant ouvrage couronné par l'Académie de médecine (prix Orfila).

« On obtiendrait, certes, dit cet auteur, de grands avantages en publiant des ouvrages d'un prix modéré à la portée de tous

1. BOUDIER, *Des Champignons.*

I *

les habitants d'un pays, et où seraient parfaitement décrites les principales espèces
qui s'y rencontrent.

» Un livre qui indiquerait clairement en
quoi les espèces vénéneuses diffèrent des
espèces comestibles, et les précautions à
prendre pour manger sans danger certaines
espèces, et que de bonnes planches accom-
pagneraient, serait d'une très grande utilité.

» La description d'un trop grand nombre
de champignons serait inutile et même nuisible. Je pense qu'il faudrait se contenter
de décrire les espèces salubres abondantes,
les plus agréables et les plus reconnaissa-
bles, en un mot, celles qui sont le plus habituellement en usage dans le pays, et qui
s'y trouvent sans interruption suivant les
espèces, depuis le premier printemps jusqu'à l'entrée de l'hiver, en y joignant celles
qui sont délétères et tous les caractères qui
peuvent les faire distinguer..... »

J'ai cherché à remplir les conditions du
programme ci-dessus, sans autre prétention
qu'un but philanthropique ; je m'estimerais

heureux si, par mes recherches, je parve-
nais à prévenir quelques-uns des nombreux
accidents que l'on a à déplorer tous les ans.

J'aurais pu donner plus d'étendue à mon
travail en citant un plus grand nombre
d'espèces ; mais je pense, avec M. Boudier,
qu'un trop grand nombre de descriptions,
loin d'éclairer la matière, ne servirait qu'à
y apporter une fâcheuse confusion.

Ensuite il aurait fallu élever le prix de
l'ouvrage, qui dès lors n'eût plus été à la
portée de toutes les bourses, et mon but
n'eût été qu'imparfaitement atteint.

Le plus grand soin a été apporté à l'exé-
cution des figures, qui ont été dessinées et
coloriées d'après nature. Elles sont aussi
exactes que possible.

Ce n'est pas tout que de chercher à prévenir les accidents, il faut encore y porter
remède; aussi ai-je jugé indispensable de
joindre aux descriptions une énumération
des moyens médicaux à employer dans les
cas d'empoisonnements.

Qu'il me soit permis ici de remercier des
renseignements obligeants qu'il a bien

voulu me fournir le savant botaniste M. Lamy, dont l'excellente *Flore de la Haute-Vienne* m'a beaucoup servi pour mes recherches.

Ce botaniste avait compris depuis longtemps l'utilité d'un pareil travail, puisque, dès 1830, il avait publié dans un journal de Limoges, qu'à mon grand regret je n'ai pu retrouver, deux articles sur les champignons. Nul doute que, sans les circonstances qui le forcèrent à interrompre ses études botaniques, il nous eût donné une étude de ces espèces beaucoup plus complète que cette notice.

GÉNÉRALITÉS

SUR LES CHAMPIGNONS

Les champignons constituent une des familles les plus nombreuses du règne végétal.

Il serait instructif de parcourir l'échelle de ces innombrables variétés que l'on rencontre à chaque instant sous ses pas, et qui, en dehors de l'alimentation, offrent une multitude d'applications ou d'études. Il serait curieux d'étudier ces plantes microscopiques pour la plupart qui, en se développant sur des objets de toute sorte, en amènent la destruction avec une incroyable rapidité. D'autres vivent en parasites sur les végétaux et causent des maladies spéciales qui souvent déterminent la mort. Tels sont : l'*oïdium*, qui détermine la maladie de la vigne et qui, en desséchant le raisin, cause à la viticulture des pertes incalculables; le *péronospora infestans,* qui cause la maladie de la pomme de terre ; le *seigle ergoté,* toxique puissant, qui se développe sur le blé et le froment, et qui, par son mélange aux aliments, peut causer des accidents redoutables et une maladie mortelle; le *charbon* des blés ou *nielle,* la *carie,* la *rouille,* qui attaquent les graminées, sont produits par des champignons microscopiques. D'autres peuvent atteindre l'homme et les animaux et nuire à leur santé en vivant en parasites dans leurs tissus.

Mais une pareille étude est en dehors de mon sujet.

Je me suis proposé de limiter mes observations à un ordre plus élevé, qui offre simultanément à l'homme un aliment délicieux et des plus nourrissants, et un poison des plus dangereux.

Les champignons sont en général peu apparents, souvent très petits, mais sont répandus partout, et revêtent les formes les plus diverses et les plus éloignées du type sous lequel on a l'habitude de se représenter un végétal. Ils vivent sous la terre ou à sa surface, et plus communément sur les corps organisés, morts ou en voie de décomposition.

La partie végétative porte le nom de *mycélium*, elle se compose de filaments ordinairement blancs, et quelquefois, mais rarement, orangés ou bruns. Le *mycélium* est presque toujours souterrain ou engagé dans la substance du corps sur lequel se développe le champignon.

Dans les champignons dont l'étude nous importe le plus, agarics, bolets, clavaires, le *mycélium* produit un corps nommé *réceptacle* qui, de globuleux dans son jeune âge, s'épanouit, et présente à l'intérieur des surfaces planes, concaves ou convexes.

Le *réceptacle*, ou organe de fructification, est le plus souvent accompagné d'organes accessoires. Chez certains agarics, il est enfermé dans une enveloppe membraneuse appelée *volva*, qui se rompt plus tard pour laisser passer la partie principale appelée *chapeau*.

Le *chapeau* est tapissé à sa partie inférieure par une membrane, l'*hyménium*, qui porte l'organe reproducteur, la *spore*.

L'*hyménium* est, chez les agarics, en forme de *lames* ou *lamelles;* chez les bolets, en forme de *tubes* ou *pores;* et en forme d'aiguilles ou de dents chez les hydnes. Il revêt chez les autres espèces une multitude de formes. La tige qui supporte ces organes en les reliant au sol s'appelle *stipe, pied* ou *pédicule.* Lorsque le pédicule manque, l'espèce est dite sessile. Les spores des champignons constituent l'organe primitif de reproduction. Ces organes sont extrêmement petits; on ne peut les voir le plus souvent qu'avec l'aide du microscope. Placées dans les conditions favorables au développement de ces végétaux, elles germent en quelque sorte à la manière des plantes d'un ordre plus élevé et donnent naissance, après un temps plus ou

moins long, variable selon les espèces, à
la partie végétative, le *mycélium*. Les spores sont blanches ou colorées.

Chez certains champignons, le pied est
relié au chapeau par une membrane qui se
rompt lors du développement du chapeau.
Cette membrane est le *vélum*. Ses débris se
rabattent alors sur le pédicule et forment
un bourrelet annulaire nommé *anneau,
collier* ou *collet*.

Il est très difficile de donner des indications générales propres à faire éviter les
mauvais champignons. Tous les auteurs
qui ont tenté de le faire y ont fort mal
réussi. A toutes ces règles on a toujours trouvé de trop importantes exceptions pour que
nous engagions à les employer; si on est
tenté d'y ajouter foi, on ne devra les ap-
pliquer qu'avec une excessive prudence.
Les anciens, toujours superstitieux, con-
sidéraient comme vénéneux tous les champignons qui naissent près d'un trou de ser-
pent, d'un drap moisi, d'un clou rouillé,

d'une plante vénéneuse. Les nombreuses relations d'empoisonnements par les champignons qu'ils nous ont laissées suffiraient à démontrer le peu de solidité de leurs indications distinctives. On se fait à peine une idée de ce qu'il a fallu de persistance chez les savants pour arriver à faire délaisser de pareilles absurdités, et cela pour leur voir substituer les procédés empiriques inventés par nos cuisinières ! Tels sont les essais par les cuillers d'argent et d'étain qui brunissent ou plutôt doivent brunir lorsqu'on les fait bouillir au contact des champignons vénéneux ; l'essai par les petits oignons qui doivent brunir dans les mêmes circonstances; l'essai par les pièces de monnaie d'or et d'argent que le poison doit ternir, etc., etc.

Toutes ces précautions, données comme autant de réactifs infaillibles et quotidiennement mises en pratique, peuvent être accusées de la majeure partie des empoisonnements, justement à cause de la confiance aveugle qu'elles inspirent au public.

Il se peut que, dans certains cas déterminés par les savants et qu'il serait superflu de rappeler ici, les champignons donnent ces réactions; mais cela tient à toute autre cause qu'au principe vénéneux, puisque ces réactions se produisent aussi bien avec les espèces comestibles qu'avec les espèces vénéneuses. Malheureusement, ces croyances, comme tant d'autres, sont tellement enracinées dans l'esprit du public, que l'on aura beaucoup de peine à les détruire.

Les indications tirées de l'aspect du champignon, de l'endroit où on le trouve, de sa couleur, peuvent tout aussi bien entraîner à des erreurs funestes.

La connaissance des espèces et des individus peut seule guider le consommateur. Encore ces espèces sont-elles si sujettes à varier que, pour ne point s'y méprendre, il faut qu'à la science vienne s'unir une longue pratique locale et une minutieuse observation. On peut, jusqu'à un certain point, s'en rapporter, pour les ceps, aux personnes du pays habituées à en récolter; mais, pour les oronges et tous les agarics comestibles, on ne saurait pousser trop loin la prudence.

Pourtant, de ce qu'il n'existe pas de ligne de démarcation bien tranchée entre les bons et les mauvais champignons, devons-nous les rejeter entièrement de l'alimentation? non, assurément. Ces végétaux constituent une branche importante des productions du sol, et, par leurs qualités alimentaires, ils offrent une véritable ressource aux habitants peu favorisés de nos campagnes. Il faut donc, au lieu de les rejeter aveuglément, apprendre à les distinguer par une étude sérieuse.

Ce n'est pas en criant au poison que l'on éloignera de leur usage. Les plus longs discours, les plus sombres menaces ne corrigeront personne.

Les champignons sont une précieuse ressource alimentaire. Ils constituent, quoi qu'en disent certains auteurs, qui semblent avoir pris à tâche de les discréditer, un aliment excellent, aussi substantiel que ceux provenant du règne animal, avec lesquels ils ont une grande analogie de principes. Cela ressort de nombreuses analyses faites par MM. Vauquelin,

Braconnot, Gobley, Lefort et Boudier.

Afin de s'assurer de la réalité de leurs propriétés alimentaires, le docteur Letellier s'est nourri, à diverses reprises, exclusivement de trois cents grammes de champignons, assaisonnés seulement d'un peu de sel, et arrosés d'un verre d'eau. Sans prendre absolument aucun autre aliment solide ou liquide, il a toujours pu rester trente-six heures sans éprouver le moindre symptôme de faim.

Mais, plus un aliment est nourrissant, plus le travail de la digestion est pénible. C'est ce qui arrive pour les champignons, et ce qui a fait supposer à tort que toutes les espèces, sans exception, étaient plus ou moins vénéneuses.

Partout on entend dire, dit Bulliard, que les champignons sont tous engendrés par la corruption, qu'ils sont tous vénéneux plus ou moins, qu'ils ne contiennent d'ailleurs rien de nourrissant pour l'homme, et cette erreur s'est glissée jusque dans la bouche des plus célèbres médecins, et dans leurs écrits.

S'il s'agissait de se prononcer sur le degré de salubrité ou d'insalubrité de ces végétaux, ce ne serait pas des savants que j'irais consulter; j'irais vers ces malheureux qui, dans les temps de disette extrême, se sont déjà trouvés obligés de chercher par toutes sortes de moyens à pourvoir à leur subsistance et à celle de leurs enfants ; s'ils me disaient que des champignons de telle ou telle espèce les ont nourris, leur ont tenu lieu de pain, je les croirais : s'ils m'assuraient que ni eux ni leurs enfants n'ont été incommodés de cette nourriture, j'en ferais l'expérience ; mais je serais déjà disposé à en conclure que certaines espèces, loin d'être vénéneuses, ont été destinées par la nature à nourrir l'homme, comme elles semblent destinées à nourrir un grand nombre d'animaux.

Le meilleur champignon peut causer beaucoup de mal, cela est vrai ; mais ce ne sera que lorsqu'on l'aura mangé avec avidité, et sans l'avoir suffisamment broyé entre les dents, ou lorsqu'on en aura mangé avec excès.

Les meilleurs aliments, dit encore Bulliard, n'ont-ils pas cela de commun avec les
champignons? et à ce sujet, il rappelle qu'il
faillit mourir un jour, pour avoir mangé,
en revenant de la chasse, du pain de seigle, à l'instant où on le retirait du four.

Beaucoup sont vénéneux, à la vérité,
et les empoisonnements par les champignons ne sont malheureusement que trop
fréquents. Mais ils pourraient être prévenus
en partie si l'on instituait, comme cela
existe déjà à Paris et dans plusieurs grandes villes de France, des inspecteurs char-
gés de vérifier sur les marchés les champignons apportés par les gens de la campagne.

En Italie, ou les champignons occupent
une place considérable dans l'alimentation,
l'administration prend de sérieuses me-
sures de prudence. Les marchés sont visi-
tés quotidiennement par des inspecteurs
officiels, parmi lesquels on compte de savants professeurs.

La surveillance exercée par la police sur
le marché de notre ville est loin de pré-

senter toutes les garanties que le public est en droit d'exiger. Sans contester le zèle dont font preuve les agents en rejetant impitoyablement les bolets trop vieux, je persiste à les croire peu compétents en pareille matière ; et je verrais avec plus de confiance ces fonctions dévolues à des hommes spéciaux.

La question ne paraît pas sérieuse à l'administration, eu égard sans doute au peu de diversité des espèces que l'on emploie ; il me semble, au contraire, qu'un contrôle scrupuleux serait de la plus grande utilité. Outre que ce contrôle serait un correctif au peu de souci qu'ont nos campagnards, habitués maintenant, grâce à leurs relations journalières, aux goûts excentriques des gens de la ville, de se livrer sur eux à des expériences trop souvent dangereuses, il présenterait comme avantage de permettre la vente de quelques espèces peu connues du public. On pourrait arriver ainsi à familiariser les consommateurs avec certains champignons comestibles, actuellement inconnus des gens de la campagne

et du public des villes, auxquels on ne peut
espérer apprendre les caractères botaniques.
Les ayant plus souvent sous les yeux, ils
seraient moins sujets aux méprises.

Depuis la publication de la première
édition de cet ouvrage, les dangers que je
signalai m'ont été démontrés par expérience. En septembre 1870, profitant de
la désorganisation générale amenée par
les désastres inouïs qui ont atteint notre
malheureuse patrie, des gens de la campagne ont apporté au marché plusieurs paniers de fausses oronges et ont pu les ven-
dre sans être inquiétés. Les accidents causés
ont attiré les regards de la police, et on a
pu saisir plusieurs paniers de ces champignons.

Si faible que soit le degré de confiance
que nous accordons aux règles générales
établies pour la distinction des bonnes et
des mauvaises espèces, nous allons pourtant
en donner quelques-unes dont on pourra
tirer parti, à condition toutefois qu'on se
garde bien de les prendre dans leur accep-
tion rigoureuse.

En général, on doit suspecter tous les champignons qui croissent dans les lieux humides et à l'abri de la lumière solaire. Leur substance est molle et spongieuse, et leur surface, recouverte d'une couche glaireuse, a un aspect rebutant qui suffit quelquefois à éloigner les amateurs. Ces indices, je le sais, sont loin de suffire pour déclarer une espèce de qualité suspecte : mais alors, avant de considérer ces champignons comme bons, on doit s'assurer qu'ils réunissent à cet état toutes les qualités de ceux qui sont comestibles.

On doit rejeter tous les champignons à surface humide, qui sont lourds ou qui changent de couleur lorsqu'on les coupe, ou dont l'odeur vireuse est forte.

On doit rejeter également, comme de mauvaise qualité, ceux qui ont une couleur éclatante ou plusieurs couleurs bien tranchées, surtout s'ils se trouvent à l'ombre.

On doit aussi regarder comme pernicieuses les espèces à tiges bulbeuses ou molles, et celles dont le chapeau a conservé des fragments de la *volva* ' collés à sa surface.

Enfin, il est important de rejeter ceux qui sont trop vieux, car l'expérience a prouvé que telle espèce qui était saine dans son jeune âge pouvait acquérir en vieillissant des propriétés nuisibles. Du reste, lorsqu'ils vieillissent, les champignons perdent tout ou partie de cet arôme délicat qui les fait tant rechercher.

On a essayé de tirer de la présence des vers ou des limaces sur les champignons des indications sur leur qualité. Ces indices sont tout à fait inexacts. L'expérience a prouvé que ces animaux se nourrissent indistinctement de bonnes et de mauvaises espèces, sans en éprouver le moindre inconvénient. Ils ont d'ailleurs une organisation si différente de la nôtre, que l'assimilation serait réellement trop puérile. Ne les voit-on

1. *Volva* ou *bourse*, membrane molle en forme d'œuf qui enveloppe certaines espèces de champignons dans leur jeune âge, et se déchire ensuite pour livrer passage au chapeau.

pas, en effet, manger impunément les plantes les plus dangereuses pour l'homme, la *belladone*, le *datura*, par exemple ?

En suivant les préceptes généraux que je viens de donner, on éloignera certainement beaucoup d'espèces salubres dont on pourrait tirer parti; mais on éliminera toujours les principales espèces vénéneuses, les bolets pernicieux, les amanites vénéneuses et les espèces indigestes et avariées. Malgré cela, nous engagerons toujours les amateurs novices à faire vérifier leur récolte par une personne expérimentée, jusqu'à ce que l'habitude des recherches leur ait appris à les distinguer avec certitude.

En préparant les champignons destinés à l'alimentation, on doit enlever avec soin les lames et les tubes placés à la partie inférieure du chapeau, et que l'on nomme *barbe* ou *foin* dans nos campagnes. Cette précaution, que l'on considère généralement comme très secondaire, suffirait à prévenir bien des accidents ; car la *barbe* est plus indigeste que le reste du champignon, et, dans les espèces vénéneuses, elle contient, paraît-il, en plus grande quantité le principe toxique[1].

M. Bosc affirme que certaines espèces vénéneuses peuvent être rendues inoffensives par ce nettoyage; mais il a rencontré de nombreux contradicteurs.

On a cru pendant longtemps que les champignons perdaient leurs propriétés vénéneuses par la dessiccation. Si le fait a été reconnu exact pour certaines espèces, notamment pour les lactaires, il faut bien se garder d'en faire une règle générale, qui aurait les plus déplorables résultats.

On a enfin conseillé bien des moyens pour enlever aux champignons leurs propriétés délétères; mais, malgré les assertions des auteurs, on n'a employé jusqu'à présent ces procédés qu'avec la plus grande circonspection.

M. Pouchet avait proposé de les laisser macérer pendant quelques heures dans le

---

1. M. le docteur Letellier attribue à la moins grande proportion d'eau contenue dans les lamelles (10 pour 100 environ seulement), la plus grande activité de cette partie du champignon.

vinaigre, en ayant soin de les séparer du vinaigre dans lequel ils avaient macéré, car alors ce liquide tenait en solution le principe vénéneux qu'il avait enlevé aux champignons. Ce moyen a toujours été employé par les Russes.

Orfila et Paulet avaient déjà cherché à en vulgariser l'usage en l'expérimentant sur des animaux ; mais leurs expériences n'avaient pas paru assez concluantes, sans doute, puisqu'on ne les mettait pas à profit. C'est en 1851 seulement que Gérard démontra d'une manière positive, par des expériences faites sur lui-même, la possibilité d'enlever aux champignons leurs propriétés vénéneuses.

Nous extrayons d'un remarquable article publié par M. L. Figuier, dans son *Année scientifique,* le détail de ses expériences [1] :

Personne, de nos jours, n'a plus fait pour démontrer péremptoirement l'utilité de la précieuse méthode empruntée aux peuples du Nord, qu'un naturaliste attaché au jardin des plantes

1. Figuier, *Année scientifique,* 1862, 6ᵉ année.

de Paris, Frédéric Gérard, mort il y a quelques années. Frédéric Gérard, pour établir la certitude de ce procédé préventif, entreprit une longue série d'épreuves qui allèrent presque jusqu'à dépasser le but, et que l'on serait tenté de taxer de témérité. Il se soumit au régime alimentaire des champignons toxiques avec une confiance progressive dont on ne peut donner l'idée qu'en le laissant parler lui-même.

Frédéric Gérard rapporte comme il suit les expériences qu'il fit en se servant pour son alimentation de toutes sortes de champignons vénéneux, dont voici les principales espèces : 1° la *fausse oronge* ; 2° l'*agaric bulbeux* ; 3° l'*agaric vénéneux* ; 4° l'*agaric émétique* ; 5° l'*agaric sanguin* ; 6° l'*agaric pernicieux* ; 7° le *bolet chrysentère* ; 8° le *lycoperdon gigantesque*.

« Dans l'espace d'un mois, dit ce courageux expérimentateur, plus de 75 kilogrammes de champignons vénéneux sont entrés chez moi ; ce sont les espèces les plus dangereuses. Pendant huit jours, je m'astreignis à manger deux fois par jour de 250 à 300 grammes de champignons cuits. N'en ayant ressenti aucune incommodité, je ne m'en tins pas là, et craignant que mes nombreuses expériences n'eussent émoussé ma sensibilité, j'admis à partager mon expérience tous les membres de ma famille, qui se compose de douze personnes. Je ne procédais qu'avec lenteur, et après avoir essayé sur un, j'en prenais un deuxième. Je continuai jusqu'à ce que je fusse convaincu que, malgré la différence des âges, des sexes et des tempéraments, personne n'était incommodé.

« Pour chaque 500 grammes de champignons coupés de médiocre grandeur, il faut un litre d'eau acidulée par deux ou trois cuillerées de vinaigre, ou deux cuillerées de sel gris, si l'on n'a pas autre chose. Dans le cas où l'on n'aurait que de l'eau à sa disposition, il faut la renouveler deux ou trois fois. On laisse les champignons *macérer pendant deux heures entières.* Puis on les lave à grande eau. Ils sont alors mis dans l'eau froide, qu'on porte à l'ébullition, et après une demi-heure on les retire, on les lave encore, on les essuie et on les apprête comme mets spécial. Inutile de dire que toutes les eaux qui ont servi à laver les champignons doivent être jetées. »

Après ces expériences qui auraient paru téméraires à tout le monde, excepté à lui-même, Frédéric Gérard voulut faire profiter le public de la connaissance d'un fait qui l'intéressait d'une manière si directe. Il rédigea un mémoire, qu'il accompagna de planches représentant les espèces de champignons pernicieux ayant servi à ses essais, et il adressa ce mémoire au conseil d'hygiène et de salubrité de la ville de Paris. Il espérait que la grande et juste publicité que reçoivent les actes et les indications du conseil de salubrité répandrait promptement dans le vulgaire la connaissance d'une vérité éminemment utile. Mais cet espoir devait être trompé, comme on le verra plus loin, par de malencontreux scrupules.

Dans le mémoire qu'il avait adressé au conseil de salubrité, Frédéric Gérard annonçait qu'il mangeait chaque jour, lui et sa famille, composée de douze personnes, *toute espèce de champignons vénéneux*. Le conseil nomma une commission pour s'assurer de la vérité de cette assertion : MM. Cadet Gassicourt et Flandin en faisaient partie. La *fausse oronge* (*amanita muscaria*, de Persoon) et l'*agaric bulbeux* (*amanita venenosa*, de Persoon), c'est-à dire les espèces les plus meurtrières du genre amanite, furent présentées aux membres de la commission, qui les virent passer à plusieurs eaux vinaigrées, accommoder à la manière ordinaire, et servir à Frédéric Gérard, lequel en mangea au moins 250 grammes, et l'un de ses enfants 50 grammes environ. Ce n'était pas sans émotion que les membres de la commission du conseil d'hygiène voyaient s'accomplir un tel essai ; mais la confiance de l'expérimentateur opéra si bien sur eux, qu'imitant son exemple, ils mangèrent eux-mêmes une certaine quantité de cet aliment ; ils en prirent assez pour se rendre malades, si les champignons eussent conservé leurs propriétés toxiques.

La même expérience fut répétée plusieurs fois. Ni Frédéric Gérard, ni ses enfants, ni les personnes qui s'associèrent à ces épreuves, n'en ressentirent le moindre mal. Cependant l'expérimentateur ne se ménageait pas et sa famille suivait son exemple.

Les deux rapports faits au conseil de salubrité, sur les expériences qui nous occupent, portent les dates des 9 et 26 novembre 1851 ; ils sont de

M. Cadet Gassicourt. Après avoir mentionné les tentatives faites à toutes les époques pour corriger les propriétés vénéneuses des champignons, et rappelé un curieux passage de Pline, dans lequel l'action du vinaigre est assez clairement indiquée (*Debellat eos acetum, et aceti natura contraria iis. — Le vinaigre combat les champignons; la nature du vinaigre leur est contraire*), le rapporteur fait connaître les essais faits par Frédéric Gérard. Il rappelle que ce courageux expérimentateur s'est adonné longtemps au régime alimentaire de champignons vénéneux, et raconte ensuite les expériences qui ont été faites devant la commission.

« Les champignons recueillis par M. Gérard, dit M. Cadet Gassicourt, appartenaient à une espèce très connue, l'*agaric fausse oronge* (*amanita muscaria* de Persoon), la plus dangereuse des espèces peut-être après l'agaric bulbeux, et si remarquable par la beauté de son chapeau écarlate, moucheté de taches blanches, sortes de verrues formées par les débris des valves.

» Deux jours s'étant écoulés depuis la récolte de ces champignons, ils avaient été réduits, par la dessiccation, au tiers de leur poids, et ne pesaient plus exactement que 500 grammes au moment d'expérimenter.

» Nettoyées et coupées en gros morceaux (tout compris, chapeaux, feuillets et pédicules), les *fausses oronges* ont été d'abord lavées, puis mises, à trois heures de l'après-midi, dans un litre de nouvelle eau froide, avec addition de deux cuillerées de vinaigre, pour macérer en cet état pendant deux heures. Au bout de ce temps, on les a retirées de l'eau de macération, lavées à grande eau, mises à bouillir dans une nouvelle eau pendant une bonne demi heure. Après cette coction, elles ont été lavées une dernière fois dans de l'eau froide et essuyées.

» Ces opérations terminées, les *fausses oronges* ont été accommodées à la manière ordinaire. Le mets avait assez bonne apparence. A six heures du soir une assiette pleine fut servie, et M. Gérard commença à en manger. Sur l'offre qu'il fit à l'un de nous (M. Flandin), celui-ci en prit une cuillerée; puis les deux autres membres du conseil présents (MM. Cadet Gassicourt et Beaude) en voulurent aussi goûter. M. Gérard et l'un de ses enfants achevèrent ce que contenait l'assiette.

» Le lendemain de l'expérience, M. Gérard nous écrivait : « A l'exception d'un petit embarras gastrique, » qui a duré jusqu'à 8 heures 30 minutes du soir, et » qui venait de l'état actuel de mon estomac, je n'ai » éprouvé, non plus que mon fils, aucun accident par » suite de l'ingestion de l'*amanite fausse oronge*. J'é-» tais sans inquiétude sous ce rapport, et je ferai des » expériences sur l'*amanita venenosa* dès que j'en aurai » à ma disposition. »

» Avec M. Gérard, les faits suivent de près les promesses. Après avoir donné la journée de dimanche à des recherches actives dans les bois des environs de Paris, il nous présentait lundi, trois des plus pernicieux cryptogames. L'état avancé de l'un d'eux, ainsi que la saison froide et pluvieuse, nous prescrivait de hâter l'expérience. En conséquence, les membres de la commission, notre collègue M. Beaude et M. le docteur Cordier, qui suivaient avec intérêt les expériences de M. Gérard, ont été convoqués pour le lendemain matin à dix heures très précises.

» L'espèce de champignon à l'ingestion de laquelle allait se soumettre M. Gérard a été parfaitement vérifiée. C'était l'agaric bulbeux de Bulliard (*amanita venenosa* de Persoon). Malgré sa ressemblance avec notre champignon de couche, cette espèce se distingue aisément à la blancheur de ses feuillets, ceux du champignon de couche étant de couleur rose ou violette.

» Un de ces champignons, comme nous l'avons dit, était altéré, le parenchyme de son chapeau particulièrement était flasque et comme glutineux. Nous aurions été d'avis qu'on le rejetât, d'autant plus que les deux autres champignons réunis offraient une dose redoutable et qui eût largement suffi pour une expérience convaincante. Mais M. Gérard joignit aux autres ce champignon détérioré.

» Les trois champignons pesaient ensemble 70 grammes, un tiers en moins vraisemblablement qu'ils n'eussent pesé deux jours plus tôt quand ils étaient frais.

» Après les avoir préparés de la manière indiquée, on les servit à M. Gérard, qui, en les mangeant, se borna à faire la remarque que le mets avait un peu de mauvais goût, *provenant du champignon gâté*.

» Le lendemain, l'expérimentateur allait donner aux membres de la commission les nouvelles les plus satisfaisantes de sa santé. »

Le rapport de M. Cadet Gassicourt se termine par cette conclusion formelle qu'il est possible de rendre inoffensifs les champignons les plus dangereux.

Des expériences si décisives, un rapport si concluant devaient entraîner l'opinion du conseil de salubrité. Ce rapport et ses conclusions furent, en effet, adoptés par le conseil. Il semble dès lors que, conformément aux vues de Frédéric Gérard, l'importante observation mise par lui en lumière, avec tant d'abnégation et de courage, devait recevoir une large publicité : le bien qu'aurait produit la diffusion de cette vérité était la seule récompense qu'il réclamât. On est surpris d'apprendre qu'il en fut tout autrement, et que le conseil d'hygiène, après s'être bien convaincu de l'existence de cette vérité utile, décréta qu'elle serait mise sous le boisseau. On se demande quelles considérations graves, quels invincibles motifs firent jeter l'*embargo* sur une des plus précieuses conquêtes de l'hygiène publique. Ces considérations sont si légères, ces motifs sont si peu sérieux que nous avons besoin, pour les faire connaître, de citer les paroles mêmes de l'un des membres du conseil d'hygiène. Dans son *Traité des poisons*, M. Ch. Flandin, qui faisait partie de la commission dont nous avons cité le rapport, raconte en ces termes la conclusion inattendue de l'affaire des champignons vénéneux devant le conseil de salubrité de Paris :

« Pour la commission et pour le conseil de salubrité, les expériences de M. Gérard furent concluantes. Mais, en raison des soins que l'on prend, à Paris, pour qu'il n'arrive sur les marchés que des champignons de couche, on se demanda s'il était opportun ou d'un grand intérêt de donner de la publicité aux résultats obtenus. On pensa qu'il ne serait peut-être pas sans danger de dire à tous qu'avec certaines précautions on pouvait manger toutes les espèces de champignons. Ces précautions seraient-elles toujours rigoureusement prises ? Suivrait-on partout, et à la lettre, les prescriptions transmises par des instructions émanées d'une administration ? Ne s'en écarterait-on pas, et par témérité même ? Puis, considérations d'un autre ordre, ne serait-ce pas introduire au foyer domestique un nouveau poison, et d'autant plus dangereux qu'il est un aliment, qu'il est sans saveur, ou plutôt qu'il a une saveur agréable, recherchée même ?

» L'administration et le conseil d'hygiène publique et de salubrité virent le mal à côté du bien, et, tout en adressant des éloges à M. Gérard, ils ne crurent pas devoir donner une publicité officielle à des faits qui, sans doute, se propageront d'eux-mêmes. »

Puisque l'administration et le conseil d'hygiène virent ici le mal à côté du bien, il faut croire qu'il y avait, en effet, du mal dans la question. Mais le mal était singulièrement grossi, et l'on perdait trop de vue l'immensité du bien. Savoir, de science certaine, qu'avec certaines précautions on peut manger de tous les champignons vénéneux, et décider que ce fait restera ignoré de tous ; avoir dans les mains cette découverte, désirée depuis des siècles, et tenir sa main fermée ; posséder le remède et laisser le mal subsister, c'est une conduite illogique, c'est tenir trop en tutelle un public depuis longtemps émancipé. Le conseil d'hygiène espérait que ces faits « se propageraient d'eux-mêmes, » c'est-à-dire qu'il arriverait le contraire de ce qu'il avait jugé prudent de décider ; singulière manière de raisonner, comme on le voit. Mais non ! ces faits ne se sont pas propagés d'eux-mêmes ; ils sont bien et dûment restés sous le boisseau où les avaient cachés les scrupules mal entendus du conseil d'hygiène et de l'administration. Une publicité officielle des résultats obtenus par Frédéric Gérard, la connaissance de ces faits largement répandue dans le public par une *instruction populaire*, auraient, nous en sommes convaincu, fait éviter bien des malheurs. Elle eût certainement empêché, par exemple, la catastrophe de Corte. Nous avons dit, dans la relation de ce fait, que le maître d'hôtel qui fut chargé de préparer les champignons, en suspectait la nature, et ne se décida à les servir que sur l'insistance de l'officier qui les avait cueillis. Si l'action bienfaisante de la macération et de l'ébullition dans l'eau ou le vinaigre, eût été d'une connaissance vulgaire, le maître d'hôtel n'eût pas manqué de recourir à ce lavage et à cette ébullition prolongée, et il aurait ainsi rendu les champignons complètement inoffensifs. Et ce n'est là qu'un fait à citer entre mille. Tant il est vrai que la vérité est, en toutes choses, la meilleure règle de conduite, la liberté le plus sûr appui, et que l'on a rien à gagner à mettre son propre jugement, ses propres vues, à la place du jugement et des vues de tout le monde.

Nous croyons répondre aux intérêts du public

en émettant le vœu que le conseil de salubrité de
la ville de Paris reprenne l'étude de cette question, et examine s'il n'y aurait pas lieu de rédiger
une instruction officielle destinée à vulgariser les
faits dont nous venons d'entretenir nos lecteurs.
On dira peut être que le conseil d'hygiène ne
voudra pas se déjuger à dix ans d'intervalle.
Triste et piètre considération ! Les hommes éclai-
rés qui composent ce conseil savent que dans les
sciences le passé n'engage jamais l'avenir, et
qu'il est toujours temps d'effacer une erreur. La
thèse contraire serait la négation du progrès.

Nous serions injuste si nous n'ajoutions, en ter-
minant, que l'action qu'exercent sur les champignons l'acide acétique et la macération dans
l'eau salée, est consignée dans l'*Instruction* du
conseil des armées, dont nous parlions au commencement de cet article. Ce fait est depuis si
longtemps inscrit dans la science, qu'il ne pouvait être oublié dans un document de ce genre ;
mais, selon nous, le tort de l'*Instruction*, c'est de
l'avoir placé à un rang secondaire, et de ne le
mentionner que d'une manière accessoire parmi
d'autres indications de peu de valeur.

M. Poggiale, dans une réplique à la *Gazette
des Hôpitaux*, a dit que l'eau vinaigrée et l'ébullition prolongée des champignons leur enlèvent, il
est vrai, la matière vénéneuse, mais « ne laissent
qu'une matière coriace et sans goût. » La chose
est possible, bien que dans les expériences de

Frédéric Gérard on ne la trouve point mention-
née avec autant d'assurance. Nous répondrons à
cette objection qu'il vaut mieux manger des champignons peu savoureux que d'ingurgiter un poison. Nous ferons remarquer, d'ailleurs, que l'action de l'eau vinaigrée est recommandée ici
plutôt comme un moyen d'expérimentation que
comme un procédé culinaire. Nul ne serait ja-
loux, sans doute, de marcher sur les traces de
Frédéric Gérard, en faisant servir sur sa table
toute espèce de champignons, mais tout le monde
serait heureux d'avoir sous la main le moyen de
soumettre à une épreuve rigoureuse des champignons suspects.

En résumé, il est impossible de distinguer par
des *caractères généraux* un champignon vénéneux
d'un champignon comestible ; il faut nécessaire-
ment, pour faire cette distinction, recourir à un
botaniste qui détermine l'espèce à laquelle appar-
tient le cryptogame examiné. En présence d'une
telle impossibilité, ce qu'il y a de mieux à faire,
c'est d'enseigner à tout le monde la manière de
rendre inoffensifs tous les champignons.

Les courageuses expériences de Gérard
sont d'un très grand intérêt ; elles peuvent
procurer en temps de disette un aliment
aux malheureux, et tous les amateurs qui
n'ont pas l'habitude de récolter les champignons peuvent se mettre à l'abri des acci-

dents au moyen de cette préparation. J'ai personnellement expérimenté le procédé de Gérard avec la fausse oronge. J'ai mangé trente grammes de ce champignon une première fois et soixante grammes à une nouvelle reprise, sans éprouver d'autre désagrément que le dégoût inspiré par son odeur nauséeuse. Je n'hésite donc pas à conseiller l'emploi de ce procédé toutes les fois qu'on aura le moindre doute sur la qualité des champignons. Mais on entrevoit sans peine les inconvénients de cette préparation. Les champignons, en perdant leur principe vénéneux, perdent aussi leur arôme et une partie de leur principe nutritif. En cet état, ils ne présentent plus qu'un aliment pâteux, nauséeux, bon tout au plus, selon l'expression du docteur Letellier, à assouvir la faim d'estomacs moscovites.

Un point sur lequel on ne saurait trop attirer l'attention des ménagères est le degré de cuisson que l'on doit faire subir aux champignons avant de les servir à table.

Un savant mycologiste, le docteur Bertillon, a tout récemment expérimenté sur des chiens l'action du suc de certains champignons réputés comestibles et comme tels apportés sur les marchés de Paris, l'*amanita vaginata* et l'*amanita rubescens*. Des injections faites sous la peau de ces animaux avec le suc de ces champignons à l'état de crudité ont déterminé promptement leur mort; tandis que, au contraire, le suc cuit injecté ne déterminait pas le moindre symptôme d'empoisonnement.

Il résulte de ces expériences que certains champignons, à l'état de crudité ou de cuisson incomplète, sont des toxiques violents, tandis que cuits ils sont complétement inoffensifs.

Quel que soit le degré de certitude dans la reconnaissance des espèces auquel on soit arrivé par une longue habitude, il est toujours prudent de se prémunir contre les accidents en faisant subir aux champignons une cuisson complète.

On a prétendu que certains champignons, vénéneux dans nos pays, ne l'étaient pas dans d'autres. Le naturaliste Pallas dit, par exemple, que l'on vend sur les marchés de Russie presque toutes les espèces de champignons, notamment le champignon aux mouches ou fausse oronge. Ce fait a été réfuté par quelques auteurs, qui soutiennent que si l'on vend ce champignon, c'est uniquement pour détruire les mouches. Quant à moi, je ne contesterai pas l'opinion de Pallas, car il est avéré qu'on a mangé de tout temps en Russie la fausse oronge et bien d'autres champignons vénéneux, en les faisant macérer dans le vinaigre ou bouillir dans l'eau salée. Je pourrais même citer le témoignage d'un de mes parents, soldat de l'empire, qui avait vu, en 1815, des soldats russes manger des fausses oronges récoltées dans les environs de Paris, après les avoir fait bouillir dans l'eau salée. Il n'y a donc rien d'impossible à ce qu'en Russie on les porte sur les marchés. L'usage de la fausse oronge rendue inoffensive grâce à l'assaisonnement étant répandu partout, la police n'a pas à intervenir là où il n'y a aucun danger. Les accidents survenus, lors de la campagne de Russie, à des soldats russes qui avaient mangé de ce champignon sans user des précautions ordinaires, suffiraient à attester que son innocuité, pas plus en Russie que dans nos contrées, n'est nullement naturelle, mais est le résultat d'une préparation.

Comme ce travail n'est pas un traité de botanique et que, par conséquent, je ne puis adopter l'ordre des classifications, je vais décrire d'abord les espèces comestibles selon leur importance au point de vue alimentaire, et d'après leur abondance dans le pays; puis je reprendrai dans le même ordre la série des espèces vénéneuses se rapprochant le plus des espèces comestibles et pouvant se confondre avec elles.

Certaines des espèces que je citerai comme vénéneuses sont considérées simplement comme douteuses par quelques auteurs; mais chaque fois que j'ai trouvé les avis partagés, et que ces espèces ne m'ont pas paru présenter des avantages assez marqués sous le rapport alimentaire, je n'ai pas hésité à conseiller de s'en abstenir.

Pour certaines espèces comestibles sujettes à contestation, telles que le *bolet rude* et le *bolet orangé,* avant de les indiquer comme comestibles, je me suis toujours assuré de leur parfaite innocuité, par des expériences personnelles plusieurs fois répétées.

Je ne parlerai qu'incidemment de quelques espèces très estimées qui, abondantes en d'autres pays, dans des départements limitrophes même, ne se rencontrent que rarement dans le nôtre, les *morilles,* par exemple.

Je passerai aussi très rapidement sur les *clavaires,* nommées *barbes* dans nos campagnes, qui sont pourtant toutes comestibles, sinon d'un goût toujours agréable. L'originalité des formes de ces champignons est telle qu'ils ne peuvent être confondus avec aucune espèce vénéneuse, c'est pourquoi j'ai cru inutile d'entrer dans de longs détails.

On trouvera enfin dans ce travail peu de

détails sur les *russules* ou *bises,* dont le goût pâteux ne compense pas les dangers que pourrait faire courir leur confusion avec les *agarics émétique, sanguin* et *fourchu,* dont il est fort difficile de les différencier si l'on n'a fait une étude spéciale de ces espèces.

CHAMPIGNONS

COMESTIBLES ET VÉNÉNEUX

DE LA FLORE LIMOUSINE

CHAMPIGNONS COMESTIBLES

BOLET COMESTIBLE

Cep. — Potiron. — Champignon roux

(*Boletus edulis.* — Bull.)

Pl. 1. Figure 1.

Le bolet comestible, nommé communément *cep* ou *potiron,* est le champignon le plus répandu et le plus estimé en Limousin.

Son *pédicule* [1], d'un blanc roux ou bru-

1. *Pédicule,* pied ou tige, partie qui supporte le champignon.

nâtre, est épais, renflé vers le milieu, surtout dans son jeune âge, et marqué de
petites lignes noires en réseau.

Son *chapeau* [1] est épais, d'un jaune fu-
ligineux ou brun, souvent marron. Ses
tubes [2] sont longs, d'un blanc sâle dans le
jeune âge du champignon et jaunâtres ou
verdâtres dans sa vieillesse.

Ce champignon acquiert parfois dans nos
contrées un très grand développement. Il
m'est arrivé assez fréquemment d'en rencontrer dont le chapeau présentait un diamètre de 25 et même 30 centimètres.

Son odeur est des plus agréables et son
goût des plus savoureux. Sa chair est ferme,
épaisse, d'un blanc jaunâtre; elle ne
change pas de couleur lorsqu'on la coupe.

Ce bolet et le *bolet bronzé* se trouvent
dans tous les pays. Chez nous, où ils sont

1. *Chapeau,* partie supérieure du champignon, qui
s'étale horizontalement.

2. *Tubes,* partie inférieure du chapeau dans le genre
bolet. — Les tubes sont formés par les replis de la
membrane séminifère.

très abondants, ils font leur apparition de juillet à octobre, et quelquefois au printemps, lorsque cette saison a été pluvieuse.

Pendant plusieurs mois de l'année, ils font en Limousin la principale nourriture des gens de la campagne.

On les trouve dans les bois et principalement dans les châtaigneraies, dont le tapis de mousse se prête facilement à leur sortie.

Ces champignons doivent être récoltés jeunes : trop vieux, ils sont attaqués par les insectes, deviennent aqueux et se digèrent difficilement. La prudence exige qu'on ne les mange pas en cet état.

Ils se conservent facilement par la dessiccation ; il est même curieux de remarquer que leur principe aromatique se développe par ce procédé, et que, dans cet état, il en faut moins pour aromatiser une sauce. Lorsqu'on veut les conserver, on doit autant que possible faire la récolte par un temps sec et surtout après la rosée, et les recueillir avant l'entier épanouissement du chapeau. On les épluche, on les coupe par petits fragments, que l'on dispose en chapelet avec du gros fil, et on les fait sécher au four ou au soleil. On ne doit pas les faire sécher sous le manteau de la cheminée, comme on le fait généralement dans nos campagnes; car alors ils contractent un goût de fumée qui nuit beaucoup à leur qualité. Les bolets ainsi desséchés sont un excellent aliment pour l'hiver. Les ménagères prévoyantes les utilisent comme un précieux condiment.

Les Anglais et les Américains sont très friands de nos ceps. L'exportation des ceps frais prend une extension considérable. Chaque année, au moment de la plus grande abondance, des spéculateurs envoient des émissaires dans chaque localité avoisinant une ligne ferrée et font annoncer leur arrivée par le crieur public. Les gens de la campagne leur ont bientôt rassemblé une cargaison, dont il leur est facile de se défaire à prix d'or.

Depuis un certain nombre d'années, plusieurs maisons d'épicerie de Limoges en conservent, dans le beurre ou dans l'huile, des quantités considérables destinées à

l'exportation. Ils sont aussi très appréciés
des habitants de Paris, qui les préfèrent
avec raison à leurs fades champignons de
couches.

Dans le département des Landes, où ce
champignon ne vient pas en aussi grande
abondance que chez nous, les habitants se
servent pour le propager d'un procédé
original qui est, dit-on, infaillible. Ils choi-
sissent les bolets parvenus à leur maximum
de développement, et les font bouillir dans
l'eau pendant un quart d'heure. Lorsque
cette eau est refroidie, on en arrose largement la terre, nettoyée et un peu ratissée,
d'un endroit convenablement ombragé. La
seule précaution à prendre est d'éloigner
de ce lieu les chevaux, les porcs et les bêtes
à laine, qui sont très friands de ces champignons.

Si la réussite est aussi certaine que le
dit Persoon, ce procédé peut rendre de
grands services, et on ne saurait trop le
propager. Quant à moi, je regrette de n'a-
voir pu encore en faire l'expérience.

Le bolet comestible présente une certaine

ressemblance avec le bolet à *pied rouge* ou *queue rouge*. Le chapeau est de la même couleur ; mais ils diffèrent par le pied, qui, dans le bolet comestible, est renflé vers le milieu et uniformément de couleur grise, tandis qu'il est court, généralement cylindrique et coloré en carmin foncé à sa partie inférieure dans le bolet vénéneux à pied rouge.

BOLET BRONZÉ

Cep noir. — Potiron noir. — Champ. noir

(*Boletus œreus.* — Bull.)

Pl. I. Figure 3.

Le pédicule du *bolet bronzé* est à peu près cylindrique ou légèrement renflé à sa base. Il est assez mince, jaune ou brun, et porte ordinairement à son sommet un petit réseau noirâtre. Son chapeau est très voûté, très épais, d'un brun noirâtre-bronzé, tirant un peu sur le noir ou sur le rouge, ce qui le fait paraître velouté. Les tubes sont

blanchâtres ou jaunes ; ils se séparent facilement de la chair. La chair est ferme,
jaune ou blanche, rougissant vers la peau
et jaunissant vers les tubes. Elle noircit à
l'air.

Ce bolet est toujours de moindre taille
que le précédent et beaucoup moins abondant en Limousin ; mais il est d'excellente
qualité. Il mérite tous les éloges donnés
précédemment au bolet comestible ; on peut
même dire que sa chair est plus fine et son
arôme plus délicat.

Il est très important d'apprendre à le distinguer du *bolet loup* (bolet pernicieux),
espèce des plus vénéneuses, qui s'en rapproche beaucoup par la couleur du chapeau ;
mais les tubes du bolet bronzé sont jaunâtres ou blancs, tandis que ceux du *bolet
loup* sont à orifice vermillon. Le pied du
bolet bronzé porte un réseau comme celui
du *bolet loup,* mais il n'est pas teinté de
rouge. Enfin, sa chair, lorsqu'elle est frois-
sée, ne prend pas comme celle du *bolet loup*
une couleur bleue, verte et puis noire.

On assaisonne le bolet bronzé de la

même manière que le bolet comestible. Toutes les observations relatives à ce dernier s'y appliquent également.

BOLET RUDE

Potiron à râpe

(*Boletus scaber*. — BULL.)

Le pédicule du *bolet rude* est assez long, plein, cylindrique, quelquefois pourtant légèrement cônique. Il est rayé longitudinalement et toujours hérissé de peluches noirâtres un peu raides et en crochets comme les dents d'une râpe.

Le chapeau, qui fait corps avec le pédicule, est charnu, orbiculaire, presque plane, d'un brun de rouille ou noirâtre, souvent fendillé dans sa vieillesse.

Sa chair, uniformément blanche, un peu molle, ne change pas de couleur subitement lorsqu'on la coupe, mais elle rougit et noircit petit à petit au contact de l'air. Elle adhére fortement aux tubes, qui sont blancs, filiformes, et s'allongent à mesure qu'ils s'éloignent du pédicule.

Ce champignon a un goût légèrement acide. Malgré cela il peut très bien s'employer à défaut du bolet comestible.

C'est bien à tort que son acidité le fait suspecter par les gens de nos pays ; car, bien qu'il n'ait pas l'agréable parfum du bolet comestible, il n'a jamais causé le moindre accident. J'en ai mangé plusieurs fois sans éprouver le moindre trouble digestif. Il est important toutefois de le faire bien cuire. Sans cette précaution, à raison de l'élasticité de sa chair et de son acidité, il pourrait causer une indigestion. Il est très commun dans les prairies découvertes, dans les bois et sur le bord des chemins, depuis juin jusqu'en octobre.

BOLET ORANGÉ

(Boletus aurantiacus. — Bull.)

Pl. I. Figure 2.

Le *bolet orangé* est considéré comme une simple variété du précédent.

Son pédicule, haut de sept à quinze centimètres, est assez gros, légèrement conique,
blanchâtre, strié dans le sens de sa longueur, hérissé, comme une râpe, de pointes
orangées ou noirâtres; il est intimement
soudé avec le chapeau. Le chapeau est
convexe, orbiculaire, épais, luisant, de couleur orangée ou fauve.

Ce champignon ne se pèle pas facilement,
mais la chair se sépare très bien des tubes.

La chair est blanche, ferme. Quand on
la casse, elle prend une couleur vineuse
puis noirâtre. Les tubes, inégaux entre
eux, sont blancs, allongés et prennent une
teinte vineuse, puis jaunâtre. On le trouve
en automne dans les bois-taillis et dans
les endroits ombragés et humides. Il a un
goût agréable, quoique bien inférieur à
celui du cep comestible.

C'est bien à tort qu'on le suspecte dans
nos pays, car il est complétement inoffensif.
Le docteur Paulet, au contraire, exagère
singulièrement ses qualités alimentaires en
le comparant à la délicieuse oronge.

Il commence à être connu de nos fabricants de conserves, car il nous est arrivé fréquemment d'en rencontrer parmi les ceps comestibles conservés à l'huile

Il est beaucoup moins abondant en Limousin que le bolet rude.

VRAIE ORONGE

Oronge. — Dorade. — Champignon jaune

(*Agaricus aurantiacus.* — BULL.)

Pl. III. Figure 12.

L'*oronge* est certainement le plus beau de nos champignons, et, de l'avis de beaucoup de personnes, le meilleur. Elle se présente d'abord, au sortir de terre, sous la forme et la couleur d'un œuf, puis elle brise la *bourse* ou *volva* qui l'enveloppe, et s'élève à environ huit ou dix centimètres.

Son pédicule est bulbeux, plein, lisse, un peu spongieux, très épais à sa base, qu'entourent les débris de la volva.

Les *feuillets* [1] sont un peu frangés, composés chacun de deux lames accolées et inséparables, très adhérentes avec la chair, qui est très blanche.

Le pédicule est jaune, lisse, sans écailles. Le chapeau, qui se continue avec le pédicule, est d'une belle couleur jaune-orange. De convexe, il devient plane. Il est sec, rarement taché par les débris de la bourse, et se pèle bien. Il est marqué, le plus ordinairement, sur les bords d'autant de lignes blanches qu'il y a de feuillets.

Ces feuillets, d'un beau jaune d'or, sont recouverts, dans la jeunesse du champignon, par une membrane qui se détache du chapeau et se rabat en forme de *collier* [1] sur le pédicule lorsque le champignon avance en âge

Il est très important d'insister sur ces caractères qui suffisent à distinguer l'oronge

1. *Feuillets*, lames ou lamelles, partie inférieure du chapeau dans les agarics, les chanterelles.

1. *Collier*, anneau ou collet, enveloppe qui recouvre, dans les agarics, la partie inférieure du chapeau et s'en détache ensuite pour former sur le pédicule un bourrelet annulaire.

d'une espèce des plus dangereuses, la *fausse oronge*, dont le chapeau rouge-carmin, généralement tacheté de blanc, le pédicule et les feuillets entièrement blancs, l'odeur désagréable, établissent entre les deux une ligne de démarcation bien tranchée.

La chair de l'oronge comestible a une odeur délicieuse et un goût des plus agréables. Elle était très connue des Romains, qui l'appelaient roi des champignons, manger des dieux, etc. Martial, dans ses épigrammes, dit qu'on peut envoyer son argent, son or, sa femme et son manteau, mais qu'il est bien plus difficile d'envoyer le roi des champignons. Ce qui peut attester encore à quel point les Romains en étaient friands, c'est le traité complet de la préparation culinaire de ce champignon, laissé par le célèbre gourmet Apicius.

Au dire de quelques historiens, le césar Claude paya de sa vie son goût pour ce champignon. Agrippine lui fit servir, en guise d'oronges, dans un festin domestique, un plat de champignons vénéneux. On reconnaît facilement, aux circonstances de sa mort, relatée par Suétone, les symptômes de l'empoisonnement par la fausse oronge.

« Il s'assoupit d'abord, dit cet historien, puis il se réveilla avec des vomissements, et on lui fit prendre une seconde dose dans un potage, comme pour lui redonner des forces, ou dans un lavement, comme pour le débarrasser d'une indigestion. »

Aussi Néron disait ironiquement que l'oronge était un aliment des dieux.

Au dire du docteur Paulet, le meilleur moyen d'apprêter l'oronge consiste, après l'avoir épluchée, à la faire cuire renversée sur un plat, sa cavité garnie de fines herbes, de mie de pain, de poivre, de sel et de hâchures provenant de la tige, le tout arrosé d'huile d'olive. C'est, du reste, un mode d'assaisonnement assez usité en Limousin.

CHANTERELLE COMESTIBLE

Giraudelle.— Girole

(*Cantharellus cibarius.* — Friès.)

Pl. III. Figure 9.

La *giraudelle* est un champignon de

petite taille, d'une couleur jaune-chamois variant du jaune-orangé au blanc.

Son pédicule est plein, charnu, épais ; il s'épand, à son sommet, en un chapeau irrégulier. Le chapeau est d'abord arrondi et convexe, puis, à mesure que le champignon avance en âge, il se redresse en un entonnoir sinueux et déchiqueté sur les bords.

Sa face inférieure est marquée de plis bifurqués se prolongeant sur le pédicule, de sorte qu'il n'y a pas de ligne de démarcation entre le pédicule et le chapeau.

La chair est jaune, translucide, membraneuse et coriace. Il est nécessaire de la faire bien cuire.

Ce champignon est très commun au printemps dans les bois découverts et sur les pelouses, où il croît par groupes. — Il paraît un des premiers, et il est des derniers à disparaître.

Il est très employé comme aliment, quoique moins délicat que l'oronge et les bolets. La raison de cet emploi fréquent est que la giraudelle est très abondante et surtout très facile à reconnaître.

Entre les feuillets du chapeau, on trouve souvent des insectes ou des débris de substances organiques qu'il est important de faire disparaître. Aussi faut-il nettoyer la giraudelle et la laver avec soin avant de la préparer.

Mâchée crue, elle a une saveur piquante, que dissipe la cuisson. L'odeur acide qu'elle exhale en cuisant est assez agréable.

On peut aussi manger sans le moindre danger la CHANTERELLE ORANGÉE, qui est, quoi qu'on puisse dire, dépourvue d'âcreté et de principes vénéneux, comme, du reste, toutes les espèces de cette famille. La seule raison qui ait pu faire croire à la malignité de ce champignon, c'est qu'il pousse au fond des bois et y contracte une odeur de moisi.

AGARIC ÉLEVÉ

Filleule

(*Agaricus procerus.* — SCHŒF.)

Pl. II. Figure 7.

La *filleule* a un pédicule très long, qui atteint, dans les terrains favorables au dé-

veloppement de ce champignon, une hauteur
de huit à douze centimètres et quelquefois
beaucoup plus. Ce pédicule est bulbeux à
sa base et creux au centre; il porte à sa
partie supérieure un élégant *collet* ou anneau mobile et persistant de couleur blanchâtre; sa surface est recouverte de larges
écailles brunâtres ou roussâtres. Les feuillets sont nombreux sans être très pressés,
inégaux, blancs, puis blanc-jaunâtre; ils
sont écartés du pédicule par un bourrelet
charnu. Le chapeau est très charnu; il est
d'abord de forme ovoïde, puis en chapeau
chinois, de couleur bistre plus ou moins
foncé et couvert d'écailles imbriquées. Il
est mamelonné au sommet et d'une largeur
de dix à trente centimètres.

La filleule atteint parfois des proportions
gigantesques.

Elle se trouve abondamment en nos pays,
à la fin de l'été et en automne, dans les
endroits découverts des bois, sur le bord
des chemins et dans les bruyères, où elle
croît isolée. Quoique sa chair, malgré un
goût de noisette assez agréable, soit coriace,

on en fait cependant un assez grand usage, car c'est un champignon des plus faciles à reconnaître.

On le mange ordinairement cuit sur le gril, assaisonné avec du beurre ou de l'huile. Il faut avoir soin de rejeter la tige qui est dure et garnie de fibres cotonneuses.

La filleule ne peut se confondre qu'avec l'*agaric en bouclier*, qui est beaucoup plus petit de taille et a une saveur désagréable.

Le docteur Léveillé [1] dit pourtant avoir rencontré des individus de cette dernière espèce d'une très grande dimension, se rapprochant beaucoup de la filleule, avec laquelle on pouvait facilement les confondre. Tous les agarics clypéolaires que j'ai rencontrés en Limousin étaient de petite taille et pouvaient être facilement distingués.

1. *Dictionnaire* d'Orbigny, art. *Agaric*.

AGARIC CHAMPÊTRE

Gros muscat. — Boule de neige

(Agaricus campestris. — Schoef.)

Pl. II. Figure 5.

Ce champignon est fort peu employé en Limousin, où on lui préfère les bolets qui sont plus abondants, plus faciles à reconnaître, et dont le goût est plus exquis.

Il n'en est pas de même partout, car dans le Nord et dans toute l'Europe, il est recherché de préférence à tout autre.

Ce champignon vient dans presque tous les terrains, dans les bois peu couverts, les champs cultivés, les jardins, les écuries, les fumiers, et surtout dans les prés fréquentés par les chevaux, le plus souvent par groupes. Son chapeau est arrondi, convexe, large de trois à quatre pouces, d'un blanc jaunâtre, quelquefois brun ou cendré. Une de ces variétés est très abondante dans les prés où on mène paître les chevaux. C'est celle que chez nous on nomme le *gros muscat.* Elle a en naissant

la forme et la blancheur d'une boule de
neige, ce qui lui a valu son nom vulgaire. Son chapeau s'aplatit à mesure que
le champignon se développe; il s'étale
et acquiert quelquefois de très grandes
dimensions. La membrane qui envelop-
pait les feuillets se brise et se rabat sur
le pédicule en forme de collier.

Les feuillets sont libres, inégaux, étroits.
Leur couleur, dans le jeune âge, est d'un
rose très pâle, mais à mesure que le champignon avance en âge, il passe successivement au violet, au violet foncé, puis au
noir.

Le pédicule est blanc, cylindrique, plein,
charnu, quelquefois tubéreux à sa base, et
long de six à douze centimètres.

L'agaric comestible est employé dans
toute l'Europe. On l'obtient artificiellement
en le cultivant dans les caves, les carrières.
Dans les environs de Paris, on en produit
des quantités considérables. Ainsi obtenus,
ces champignons sont peu aromatiques et
conséquemment moins agréables au goût
que ceux qui croissent spontanément;

mais ils rendent de tels services grâce à la facilité qu'on a de se les procurer pendant toute l'année, qu'ils prennent une place exceptionnelle parmi les champignons comestibles. Récemment encore, pendant le siège de Paris, où l'alimentation était rendue si difficile par le manque de légumes, ils ont rendu les plus grands services.

Le gros muscat n'est connu en Limousin que de quelques rares amateurs. Chaque fois qu'il nous est arrivé d'en rencontrer dans les prés, le plus grand nombre des individus composant le groupe étaient écrasés, dispersés, traités en un mot comme les espèces les plus dangereuses.

On a souvent enregistré des empoisonnements attribués à l'agaric champêtre. Ce champignon, il est vrai, en avançant en âge, devient âcre, indigeste, et peut causer des accidents peu graves ; mais la cause de ces accidents doit être attribuée à la confusion de l'agaric champêtre avec l'agaric bulbeux et l'agaric panthère, espèces des plus dangereuses. On les distingue facilement à la couleur des feuillets qui sont toujours blancs dans ces espèces, tandis qu'ils sont d'un rose violacé dans l'agaric champêtre.

Les auteurs signalent de nombreuses variétés de l'agaric champêtre qui, par beaucoup, ont été érigées en espèces. Mais elles se rapportent toutes à celles que nous venons de décrire.

AGARIC MOUSSERON

Mousseron des prés

(*Agaricus albellus.* — LINNÉE.)

Pl. II. Figure 6.

Ce champignon se trouve assez abondamment sur divers points du département, et surtout aux environs de Limoges, Isle, Condat, Aureil, etc., etc. Il n'est connu que de quelques amateurs qui en font grand cas à cause de sa saveur délicieuse, de l'agréable odeur musquée qui lui est propre, et surtout parce qu'il croît par groupes et en abondance au printemps, alors qu'il n'y a pas d'autres champignons. On le trouve en effet très rarement en automne. Il vient dans les prairies et sur les bordures des bois.

Il est important de bien le connaître, afin de le différencier des *faux mousserons* qui sont en général dangereux.

Son chapeau est d'abord sphérique, puis il s'étale tout en restant légèrement convexe. Le bord est arrondi, courbé en bas, onduleux. Les lamelles sont nombreuses, petites, inégales, serrées, décurrentes sur le pédicule. Leur couleur est légèrement rosée. La chair est très épaisse et ne se pèle pas.

Le pied du *mousseron* est très court, plein, et quelquefois légèrement tubéreux à sa partie inférieure. Il part de sa base des poils blancs très minces qui servent à l'attacher au sol.

Il est tout entier de couleur grise, ou d'une couleur blanche plus ou moins jaunâtre, suivant la variété.

Les signes qui le distinguent de toutes les autres espèces sont : la petitesse de sa

taille, son chapeau à bords toujours re-
ployés en dessous, et surtout son odeur
musquée.

Il se conserve très bien par la dessication.

AGARIC LACTAIRE DORÉ

(Agaricus lactifluus aureus. — Pers.)

Pl. II. Figure 8.

Ce champignon, une de nos meilleures
espèces, est complétement inusité en Limousin.

Les gens de la campagne ont pour lui
une aversion qui est causée en grande partie par le suc laiteux qui en découle lorsqu'on le blesse.

Comme ce champignon est assez facile à
reconnaître, nous croyons qu'on pourrait
en tirer un parti avantageux, car il se trouve
abondamment dans certaines parties du
Limousin. (Isle, Beynac, Nexon, Châteauneuf, etc.) Sa couleur générale rappelle assez la vraie oronge, bien qu'elle soit

un peu plus foncée. Les feuillets sont jaunâtres, inégaux, et assez distants les uns des autres. Le pédicule est épais, cylindrique, d'une couleur brune orangée plus ou moins foncée. La chair est d'un goût très agréable. Lorsqu'on l'entame, elle laisse exsuder un suc blanc très doux et très abondant.

On doit éviter de le confondre avec les agarics *lactifluus necator* (Pers.) *et venenatus* (Krap.), avec lesquels il offre une assez grande ressemblance.

Il est facile de le distinguer en goûtant le suc, qui est âcre dans ces espèces, tandis qu'il est très doux dans le lactaire doré.

AGARIC RUSSULE ROUGE

Bise rouge

(*Agaricus russula ruber*. — Friès.)

Il est très difficile de différencier cette *russule,* qui est comestible, des champignons les plus dangereux de ce genre, les agarics émétique et sanguin, lorsqu'on n'a pas fait une étude spéciale de ces espèces. Il n'y a entre elles qu'une légère différence dans la forme des feuillets, qui sont bifurqués dans l'*agaric russule* et droits dans l'*agaric émétique;* et dans le goût de la chair, qui est assez agréable dans la *russule* et âcre et styptique dans l'*émétique*. Aussi ne donnerai-je pas la description de cette espèce ; j'engage, au contraire, le lecteur à s'en abstenir prudemment tant qu'elle ne sera pas mieux connue.

RUSSULE VERDOYANTE

Bise verte

(*Agaricus russula virescens*. — SCHOEF.).

Pl. III. Figure 11.

La *bise verte* est, de l'avis de beaucoup de personnes, un excellent champignon. Son goût assez agréable, que, pour ma part, je trouve bien inférieur à celui des bolets, fait qu'il s'en consomme quelquefois dans nos campagnes.

La bise verte ne me paraît pas être tenue en bien haute estime par les habitants de la ville, car je ne l'ai jamais vue sur nos marchés. Cependant M. Morel, ancien professeur au Lycée de Limoges, botaniste distingué, notre regretté bibliothécaire Emile Ruben et plusieurs personnes dignes de foi, m'ont assuré en avoir vu à plusieurs reprises sur la place des Bancs à Limoges. Je me garderai bien de conseiller son emploi : sa grande ressemblance avec les agarics *fourchu* et *plombé* rend quelquefois la distinction impossible, et pourrait causer des accidents toujours très graves.

Le pédicule de la bise verte est blanc, plein, épais, et s'élève à une hauteur de cinq à huit centimètres. Les lames sont blanches, rares, épaisses, quelquefois bifurquées. Le chapeau, large de six à huit centimètres, d'abord convexe, puis un peu concave, est charnu, verdâtre, plus foncé au centre que sur les bords. La peau est sèche, rugueuse, un peu ridée, fendillée en divers sens. La chair est blanche, ferme, d'une odeur et d'un goût agréables.

La bise verte croît à la fin de l'été, dans les bois et les châtaigneraies. Elle varie beaucoup de taille et surtout de couleur. Elle passe du vert de cuivre au vert jaunâtre.

MORILLE A GROS PIED

(Morchella crassipes. — Pers.)

Ce champignon a une odeur fine des plus agréables, et une saveur sans pareille, au dire des gourmets.

Il diffère beaucoup de ceux que nous avons vus jusqu'à présent. Le chapeau, que l'on prendrait de prime-abord pour un simple renflement du pédicule, est brun, celluleux, cônique et terminé en pointe.

M. Lamy m'a dit n'en avoir rencontré que sur un seul point, dans une prairie de M. de Larivière, à Naugeat ; et c'est d'après ses indications que j'ai cherché à m'en procurer. Mais je dois dire que mes recherches ont été vaines.

Le gîte est connu, m'a dit ce botaniste, d'un boucher amateur de morilles, qui surveille la récolte avec assez d'attention pour ne laisser à personne le temps d'arriver avant lui.

Dans notre département, je n'en ai rencontré qu'un seul individu, sur le bord d'un chemin, aux environs de Nexon.

Je n'en ai jamais vu sur les marchés.

Ce champignon est, au contraire, très abondant dans le département de la Vienne.

Il est à regretter que les morilles soient aussi rares chez nous, car toutes les espèces de ce genre sont comestibles ; elles possèdent toutes un arôme délicieux qui les fait rechercher dans tous les pays où elles croissent.

HYDNE SINUÉ

(Hydnum repandum. — Lin.*)*

Pl. I. Figure 4.

L'hydne sinué est peu connu dans notre département, et par conséquent peu employé. Son abondance à la fin de l'automne, lors de la disparition des ceps, nous a engagé à la faire connaître afin d'en vulgariser l'usage.

Ce champignon a le chapeau couleur jaune chamois ou incarnat pâle, large de trois à huit centimètres. Il est charnu, convexe. Les bords sont amincis et plus ou moins ondulés et sinués. Il est garni à sa face inférieure de petites pointes ou aiguillons très fragiles, et d'une teinte un peu plus foncée que le dessus du chapeau. Le pédicule est blanchâtre, assez épais, tubéreux à sa base, et le plus souvent excentrique.

Sa chair est blanche et très ferme. Cru, ce champignon a une saveur que, sur la foi de Bulliart, tous les auteurs s'accordent à trouver poivrée. Nous lui avons trouvé une saveur légèrement astringente qui se dissipe assez facilement par la chaleur, sans exhaler aucune odeur bien tranchée.

Nous l'avons trouvé en grande abondance aux environs de Limoges, principalement au bois de La Bastide.

CLAVAIRE CORALLOIDE JAUNE

Barbe. — Barbe de chèvre. — Barbe de capucin. — Chou-barbe

(*Clavaria coralloïdes flava.* — PERS.)

Ce champignon, comme tous ceux qui appartiennent au genre *clavaire*, a une forme toute particulière qui empêche de le confondre avec des espèces vénéneuses, car toutes les clavaires sont comestibles.

Son tronc est court, épais, et se subdivise comme un choux-fleur ou une branche de corail, ce qui lui a fait donner le nom de clavaire coralloïde.

Il y en a plusieurs variétés que l'on distingue par la couleur : blanche, jaune, rouge. La meilleure est la jaune, qui est très répandue dans nos châtaigneraies.

La chair de la clavaire est blanche, cassante, d'une saveur agréable ; elle ne cause jamais d'indigestion.

CLAVAIRE AMÉTHYSTE

Barbe violette

(*Clavaria amethystea*. — Bull.)

Pl. III. Figure 10.

Cette clavaire ressemble assez pour la forme à la précédente ; mais elle est beaucoup plus petite et moins ramifiée. Elle est tout entière de couleur violette.

Son goût est très agréable ; il est à regretter qu'elle soit rare et d'un aussi petit volume.

CHAMPIGNONS VÉNÉNEUX

BOLET PERNICIEUX

Bolet loup. — Bolet à tubes rouges

(Boletus luridus. — SCHŒF.)

Pl. IV. Figure 13.

Ce champignon est évidemment un poison et un poison dangereux ; presque tous
les auteurs sont d'accord à ce sujet. Seuls
MM. Letellier et Spéneux [1] donnent une
explication différente de ses propriétés délétères, qu'ils n'attribuent pas à un principe
vénéneux.

D'après eux, ce champignon et la variété
suivante contiendraient en grande quantité

1. LETELLIER et SPÉNEUX, *Expériences nouvelles sur
les Champignons vénéneux.*

un principe mucilagineux qui, sous l'in-
fluence des liquides absorbés, se gonfle
considérablement et détermine des indiges-
tions toujours très graves.

Quoi qu'il en soit, il est très redouté
dans nos campagnes, où on le considère
comme le champignon vénéneux par excel-
lence.

On lui donne les noms de *champignon
du diable, champignon enragé.* Il doit ce
luxe de dénominations peu engageantes à
ses propriétés délétères bien connues, au
sentiment de défiance inspiré par les couleurs bizarres que prend successivement
sa chair lorsqu'on la froisse, et à son odeur
nauséeuse, qui présente une légère analogie avec celle du foie de soufre.

Le pédicule porte des lignes rouges sur
un fond jaunâtre, parallèles ou en réseau.
Le chapeau est épais, toujours voûté, orbiculaire, d'un roux bistré, souvent rougeâtre
ou noirâtre, visqueux. Les tubes sont égaux
en longueur, étroits, jaunes à l'intérieur,
et d'une belle couleur vermillon-foncé à
leur orifice. Ils noircissent quand on les

froisse et jaunissent en vieillissant. Le chapeau atteint parfois un diamètre de 20 à 30 centimètres. La chair est épaisse, molle, ordinairement jaune. Quand on l'entame, elle passe, en un très court espace de temps, au vert, au bleu ou au rouge, et devient ensuite noirâtre.

Cette espèce est malheureusement très commune dans nos bois et nos châtaigneraies, où elle croît au printemps et vers le milieu de l'automne.

Paulet, qui a nommé ce champignon *oignon de loup*, l'a expérimenté sur des chiens. A la dose de trente grammes, il causait à ces animaux des vomissements et des tremblements convulsifs, ce qui ne permet pas de douter de ses qualités délétères. Ce botaniste le considère comme d'autant plus dangereux que, lorsqu'il est cuit, aucun arrière-goût ne vient trahir sa mauvaise qualité.

Lenz, qui a voulu l'expérimenter sur lui-même, a failli en mourir. Tous les auteurs, et notamment Paulet, rapportent un grand nombre d'empoisonnements par ce champignon. Il est toutefois, malgré sa réputation, moins dangereux que la *fausse oronge* et *l'amanite vénéneuse ;* mais on voit qu'il est important de bien le distinguer du *bolet bronzé,* avec lequel il a plus d'un point de ressemblance.

La couleur du chapeau est à peu près la même dans le bolet pernicieux et dans le bolet bronzé ; la plus grande différence entre eux consiste : 1° en ce que les tubes, qui sont jaunâtres dans le bolet bronzé, sont de couleur vermillon foncé dans le bolet pernicieux ; 2° en ce que la chair du bolet bronzé ne change pas de couleur lorsqu'on la brise, tandis que celle du loup devient bleue, verte et noire.

D'après MM. Letellier et Spéneux, le traitement à opposer aux accidents causés par le bolet pernicieux consiste à favoriser les vomissements avec le moins d'eau possible pour ne pas gonfler encore plus le mucilage, et à faire boire des alcooliques qui le précipitent. Toutefois je ne saurais trop engager à n'employer ce dernier moyen que lorsqu'on aura la certitude la

plus complète que le champignon ingéré
est le *bolet loup* ou un *bolet vénéneux,* car
dans le cas où l'empoisonnement serait
causé par un *agaric vénéneux,* ce traitement entraînerait des accidents beaucoup
plus graves, par suite de la dissolution
par l'alcool du principe vénéneux.

BOLET A PIED ROUGE

Queue rouge

(*Boletus erytropus.* — Schoef.)

Pl. IV. Figure 15.

Le *bolet à pied rouge* présente une grande
analogie, quant aux propriétés vénéneuses,
avec le bolet loup ; je le crois cependant
moins dangereux. Il en diffère par un chapeau roux-clair, très large relativement au
pédicule qui est ordinairement court et
cylindrique.

Sa partie inférieure porte un réseau couleur carmin, très serré : ce qui lui a valu

le nom de pied rouge, queue rouge. Les tubes sont jaune-clair, très épais et assez longs. La chair prend, quand on l'entame, une couleur bleu-clair, puis noirâtre ; mais ce changement de couleur est moins prompt et moins caractéristique que dans le bolet loup.

On considère généralement le bolet à pied rouge comme une des nombreuses variétés de l'espèce précédente.

La variéte que j'ai dessinée participe du *bolet tubéreux* du docteur Letellier et du *bolet marbré* de M. Roques. Elle est très abondante en Limousin, au printemps et surtout en automne. Elle me paraît appartenir spécialement à notre région, car je ne l'ai trouvée décrite dans aucun auteur.

Cette espèce présente une certaine ressemblance avec le cep ou bolet comestible. La couleur des chapeaux est à peu près la même, mais le pédicule du bolet à pied rouge est toujours muni à sa base d'un réseau carminé qui le distingue facilement de notre excellent potiron.

BOLET INDIGOTIER

Bolet azuré

(Boletus cyanescens. — Bull.*)*

Ce champignon ressemble, à s'y méprendre au bolet bronzé. Son pédicule, très
épais à la base, atteint de six à huit centimètres. Son chapeau est orbiculaire et très
charnu. Il a la couleur totale du bolet
bronzé, dont il serait de prime abord fort
difficile de le différencier sans cette particularité remarquable qu'a sa chair de se
colorer en bleu azuré lorsqu'on l'entame.
Cela suffit à établir la distinction, aussi ne
m'étendrai-je pas davantage sur leurs caractères différentiels. Bulliart croit que ce
champignon est inoffensif, mais son opinion a été révoquée en doute par beaucoup
d'auteurs. Il est toujours prudent de s'en
abstenir.

BOLET CHRYSENTÈRE

B. Pain de loup

(Boletus chrysenteron. — Dec.)

Pl. IV. Figure 14.

Ce bolet est très dangereux, bien que certains auteurs le rangent simplement parmi les suspects, d'autant plus dangereux qu'il est fort difficile à reconnaître, tant il varie de forme, de couleur et de dimension.

Le pédicule est ordinairement grêle, cylindrique, filamenteux, le plus souvent contourné et aminci à son milieu, renflé à sa base, uni, rayé ou réticulé, de couleur jaune, rougeâtre ou brunâtre. Le chapeau est bombé, orbiculaire. Il est de couleur cendrée, rougeâtre ou brunâtre. Les tubes, de couleur jaune, sont courts, larges et inégaux dans l'âge mûr, se séparant très bien de la chair.

La chair qui est peu épaisse et molle, est rouge sous la peau et jaune ailleurs ; lorsqu'on la froisse, elle passe au vert, au bleu ou au gris. Quelquefois cependant elle ne change pas sensiblement de couleur.

La couleur jaunàtre de toutes ses parties, ses tubes jaunes très dilatés, sa tige ordinairement grêle et amincie vers la partie médiane, sont des signes distinctifs assez caractéristiques pour empêcher sa confusion avec les bolets rude et orangé.

Le *bolet chrysentère* croît dans les endroits humides des bois, en été et en automne. Ce champignon est assez abondant dans notre pays.

Mon dessin reproduit la forme sous laquelle je l'ai rencontré le plus souvent.

BOLET POIVRÉ

(*Boletus piperatus*. — Bull.)

Le *bolet poivré* s'élève à six ou sept centimètres environ. Son pédicule est cylindrique, plein, mais peu épais, jaune à l'intérieur comme à l'extérieur. Son chapeau est plane, de neuf à dix centimètres de largeur, jaune, orangé ou fauve, suivant l'âge du champignon.

Sa chair est ferme, d'un beau jaune-sulfurin, excepté vers les tubes, qui lui communiquent une teinte rougeâtre, car ils sont rouges ou d'un roux ferrugineux, allongés et se prolongeant sur le pédicule.

Il ne change pas de couleur lorsqu'on l'entame, mais on le reconnaît facilement au goût, car il pique vivement la langue comme le poivre.

Presque tous les auteurs le signalent comme vénéneux, à l'exception de M. Bosc, qui le cite comme inoffensif. Il est de la plus vulgaire prudence de s'en abstenir.

BOLET JAUNATRE

(Boletus luteus. — Lin.)

(Boletus annulatus. — Bull.)

Cep à collet. — Cep Pinceau

Pl. IV. Figure 16.

Il est facile de reconnaître cette espèce

qui présente cette particularité rare chez les bolets d'être munie d'un anneau membraneux assez large comme les amanites.

Son chapeau est arrondi, connexe et de couleur jaune roussâtre. Ses tubes sont petits, assez courts, et de couleur jaune-clair, légèrement décurrents sur le pédicule. Ils sont recouverts dans le jeune âge du champignon de la membrane qui se rabat sur le pédicule pour former un collier. Le stipe est marqué, au-dessous du collier, de stries noirâtres, semblables à celles du bolet orangé.

Ce champignon est considéré comme vénéneux. Decandolle en proscrit l'usage et Paulet signale un empoisonnement qu'il a causé. Cette espèce croit assez abondamment dans tous les bois de pins, vers la fin de l'été et au commencement de l'automne.

On pourrait le confondre avec le bolet orangé, dont il se rapproche par plusieurs caractères; mais son anneau et ses tubes jaunâtres suffisent aux yeux de l'observateur pour faire éviter cette méprise.

FAUSSE ORONGE

Champignons aux mouches

(Agaricus muscarius. — Schoef.)

Pl. V. Figure 20.

Ce champignon est un de ceux qui nous intéressent le plus à cause des dangers auxquels expose sa ressemblance avec une de nos meilleures espèces, la vraie oronge.

La *fausse oronge* sort, vers la fin de l'été, d'une bourse incomplète qui laisse quelques écailles le long d'un pédicule visqueux, et a le plus souvent, sur le chapeau, des taches blanches ou jaunes, taches faciles à enlever.

Ce chapeau, d'abord convexe dans le jeune âge, devient à peu près plane dans l'âge mur; il est visqueux (ce qui explique l'adhérence de certains fragments de la bourse), luisant, d'une belle couleur écarlate-carminée, plus foncée au centre que sur les bords.

Les bords sont légèrement rayés, et chacune des rayures correspond à une des lamelles de la partie inférieure.

Le pied, qui est renflé à la base, est cylindrique, plein, blanc, un peu écailleux et d'une longueur de huit à vingt centimètres. Il porte à la partie supérieure un collier formé par la membrane qui, dans le jeune âge du champignon, recouvrait les feuillets.

Les feuillets sont blancs, nombreux, larges et inégaux.

La confusion entre la vraie et la fausse oronge paraît de prime-abord impossible, et, malheureusement, elle est très fréquente. Cela tient à l'erreur répandue dans le public que la fausse oronge a toujours des points blancs sur son chapeau, et que de cette supposition on conclut, bien à tort, que tout champignon à chapeau rouge sans verrues est la vraie oronge. Aussi est-il très important de savoir que, si la variété la plus répandue de la fausse oronge porte le plus souvent des points blancs ou jaunes sur le chapeau, nous possédons deux autres variétés qui en manquent complétement :

1° Une variété à chapeau uni dépourvu de verrues, un peu moins rouge que la précédente ;

2° Une variété à chapeau dépourvu également de verrues, rouge au centre et presque jaune sur les bords.

Pour différencier la *fausse oronge* de la vraie, il ne faut donc pas s'en rapporter seulement à la présence des verrues sur le chapeau, mais au contraire s'assurer avec beaucoup d'exactitude qu'elle présente tous les caractères suivants :

1° Chapeau visqueux, couleur rouge carmin, le plus souvent parsemé de taches blanches ;

2° Pédicule entièrement blanc ;

3° Lames et collier entièrement blancs ;

4° Saveur astringente.

On ne saurait trop insister sur ces caractères, car, par suite de sa très grande abondance en Limousin, la fausse oronge cause bien certainement la moitié au moins des nombreux empoisonnements que l'on y constate.

La fausse oronge est indubitablement un

poison dangereux dont il faut se défier ; mais au dire du docteur Letellier [1], si elle tue constamment les animaux, chez l'homme, bien qu'il y ait des exemples de mort, elle ne détermine le plus souvent que des accidents fort graves, surtout lorsque l'ingestion est combattue à temps.

Les symptômes de l'empoisonnement par la fausse oronge sont en général des vomissements, l'engourdissement, un délire furieux, un sommeil profond.

Le docteur Letellier cite l'exemple d'une famille dont quatre des membres sont tombés comme ivres-morts peu d'heures après un déjeuner de fausses oronges.

Les habitants du Kamtschatka mettent à profit la vertu enivrante de la fausse oronge et préparent une boisson qui, agissant sur eux comme le chanvre indien sur les Orientaux, leur cause une ivresse particulière, accompagnée quelquefois d'un développement considérable des forces

1. LETELLIER et SPÉNEUX. — *Les Champignons vénéneux comparés aux espèces comestibles.*

musculaires. Mais, comme nos buveurs d'absinthe, ceux qui s'adonnent à cette boisson finissent par devenir fous.

D'après M. Cadet-Gassicourt, les Kamtschadales obtiennent cette boisson en faisant infuser la fausse oronge dans du vin. Ils y ajoutent quelquefois des feuilles d'une espèce *d'épilobe*. Il paraît que les propriétés du breuvage se retrouvent dans l'urine des buveurs. Aussi les malheureux du pays, qui ne peuvent se procurer ce coûteux abrutissement, boivent l'urine des privilégiés afin d'éprouver les mêmes jouissances qu'eux.

On ignore encore si la fausse oronge doit cette propriété à son principe vénéneux ou à son huile essentielle.

Certains auteurs ont affirmé que la fausse oronge ne présentait pas dans tous les pays les mêmes caractères vénéneux. Cette erreur, si elle s'accréditait, pourrait entraîner les plus graves accidents. On croit généralement que si la fausse oronge peut être mangée impunément dans quelques localités, c'est uniquement à cause de la préparation qu'on lui fait subir, préparation se rapprochant plus ou moins du procédé Gérard.

L'observation suivante, recueillie par le docteur Vadrot lors de la campagne de 1812, et citée par lui dans sa thèse inaugurale, semblerait indiquer que la fausse oronge, lorsqu'elle n'a pas subi de préparation, est plus dangereuse en Russie que dans nos pays :

« Plusieurs soldats russes mangèrent à deux lieues de Polosk, en Russie, des fausses oronges ; quatre d'entre eux, fortement constitués, se crurent à l'abri des accidents parce que la plupart de leurs camarades étaient déjà en proie à des accidents plus ou moins graves ; ils refusèrent constamment de prendre de l'émétique.

» Le soir, les symptômes suivants se manifestèrent : anxiété, suffocation, soif ardente, tranchées excessivement intenses, pouls petit et irrégulier, sueur froide générale, altération de la physionomie, teint violacée du bout et des ailes du nez ainsi que des lèvres, tremblement général, mé-

téorisme de l'abdomen, déjection de matiè-
res fécales très fétides. Ces accidents aug-
mentèrent d'intensité, on les porta à l'hôpital.

» Le froid et la couleur livide des extré-
mités, un délire mortel et les douleurs les
plus vives les accompagnèrent jusqu'au
dernier moment : l'un succomba quelques
heures après son entrée à l'hôpital ; les
trois autres eurent le même sort et périrent
dans la nuit. »

Je reproduis à dessein cet effrayant ta-
bleau, dont les sombres couleurs serviront
sans aucun doute à inspirer une crainte
salutaire aux imprudents qui se font un jeu
de cueillir sans discernement toute espèce
de champignons.

Les empoisonnements causés par la
fausse oronge sont toujours moins graves
que ceux produits par l'*agaric bulbeux*.
L'âcreté de la résine que contient ce champignon provoque le plus souvent des vomissements spontanés.

J'ai observé un certain nombre d'empoisonnements par la fausse oronge. Comme

tous les accidents causés par ce champignon se ressemblent, je n'en citerai que quatre qui présentent quelques particularités.

La première observation, que je dois à l'obligeance de M. le docteur Lemaistre, professeur à l'Ecole de médecine de Limoges, offre le plus grand intérêt, tant à cause du peu de gravité des accidents que du nombre des personnes empoisonnées. Elle nous conduisait à admettre que les accidents causés dans notre département par ce champignon, ne sont que très rarement suivis d'accidents mortels.

« Dans le courant du mois d'octobre 1871, la femme d'un employé du chemin de fer, demeurant à la Paponnerie, près Limoges, ayant cueilli des champignons de l'espèce fausse orange, variété à taches blanches, en fit cadeau à une de ses voisines en lui disant que son mari ne lui permettrait d'en manger chez elle, mais qu'elle était sûre de leur bonne qualité, et que pour s'en assurer on n'avait qu'à en faire bouillir deux ou trois avec une pièce d'argent, et que si elle ne noircissait pas, les champignons étaient bons. Convaincue par ces arguments, la voisine fit l'expérience avec trois champignons ; la pièce d'argent n'ayant pas changé de couleur, elle jugea l'expérience assez concluante et les apprêta. — Ces champignons, au nombre de quinze environ, furent accomodés en roux, sans macération ou ébullition préalable dans l'eau, et mangés à peu près en totalité par la famille, sauf quelques-uns qui furent envoyés en présent à la femme qui les avait cueillis.

» *Résultats*. — La femme qui les avait accomodés, âgée de quarante-cinq ans, éprouve deux heures après des douleurs à l'estomac, comme une indigestion, qui l'obligent à prendre du thé ; elle ne vomit pas, et vers cinq heures du soir, elle est prise d'un vertige comme si elle était ivre. Le vertige dure trois heures, cesse à huit, et lui permet enfin de s'endormir. Le mari, âgé de quarante-six ans et une fille âgée de quinze ans, n'ont éprouvé qu'un peu de pesanteur à l'estomac pendant environ une demi-heure.

» La fille aînée âgée de dix-huit ans, rendit tout son manger avec beaucoup d'efforts, environ une heure et demie après le repas.

» Le fils aîné, âgé de vingt ans, rendit tout son manger en deux fois. — Tous les accidents se bornèrent-là.

» Des trois enfants de la voisine qui en avaient mangé, le plus jeune, âgé de deux ans fut pris d'un sommeil comateux qui dura environ trois heures. M. Lemaistre, appelé par la famille, le fit vomir par précaution, bien qu'il considéra son état comme sans danger. Le second, âgé de cinq ans, vomit à midi ; le troisième, âgé de neuf ans, eut quelque pesanteur d'estomac sans éprouver d'autres accidents. »

Dans le second cas, les accidents se manifestèrent au bout de cinq heures, et se dissipèrent rapidement après que les fausses oronges eurent été expulsées.

Le 12 septembre 1864, un gendarme de la brigade de Châteauneuf fut pris de violentes coliques cinq heures après l'ingestion de deux champignons vénéneux qu'il avait pris pour des oronges. Mon père fut appelé immédiatement. Lorsqu'il arriva auprès du malade, il le trouva en proie à une vive anxiété ; il éprouvait des envies de vomir qu'il ne pouvait satisfaire, des douleurs épigastriques très vives et des renvois fétides. Le ventre était ballonné et douloureux à la pression, les selles liquides. Les traits étaient altérés, le pouls petit et irrégulier. Des accidents s'étaient manifestés du côté du cerveau ; ils étaient principalement caractérisés par un trouble du système nerveux, des vertiges et une céphalalgie intense.

On lui fit prendre immédiatement en deux fois un éméto-cathartique, composé de trente grammes sulfate de soude et quinze centigrammes d'émétique, qui détermina promptement l'expulsion des champignons toxiques. Les symptômes de l'empoisonnement se dissipèrent rapidement après que les champignons eurent été rejetés, et l'éther administré dans une potion opiacée eut bientôt amené une guérison complète.

D'après les renseignements fournis par le malade, les accidents avaient été causés par la variété sans tâches de la fausse oronge. Il avait remarqué, sans y attacher d'importance, que les deux champignons qu'il avait mangés étaient d'une couleur plus vive que,ceux qu'il avait l'habitude de récolter.

Dans un autre cas observé par M. de Font-Réaulx, ce médecin signale des illusions visuelles rarement mentionnées par les auteurs.

« Un scieur de long nommé Pinpin, avait ramassé quelques champignons parmi lesquels plusieurs de l'espèce fausse oronge. Cet homme désira que sa femme fît cuire ces champignons, bien qu'il les sût suspects, disant qu'il en avait mangé d'autres fois sans inconvénient, et que c'était un préjugé de les repousser.

» Toute la famille dîna de champignons à deux heures, l'homme, la femme et les deux enfants, un de quatre ans, un de vingt mois, ainsi qu'une tante ; le mari en mangea abondamment. Tous cinq furent empoisonnés. Mais les deux femmes vomirent spontanément peu de temps après le repas.

Quant aux trois autres, ils furent promptement pris de délire, d'illusions visuelles
(Pinpin voyait tout en bleu), de somno-
lence et de défaillances, mais pas d'envie
de vomir.

» Dès le début de ces accidents, l'instituteur du village comprenant la haute gravité
de ces symptômes, partit pour venir lui-
même à Saint-Junien chercher un médecin.
M. de Font-Réaulx s'y rendit en toute
hâte et, avec l'aide de l'instituteur, parvint
à faire absorber de force aux trois malades,
dont les mâchoires étaient fortement serrées, une assez forte dose de substances
vomitives qui amenèrent une amélioration
considérable. A quatre heures du matin,
toute la famille était hors de danger, et
le malheureux Pinpin jurait de ne plus
manger de champignons douteux. »

Le quatrième cas d'empoisonnement se
fait remarquer par la rapidité et l'intensité
des accidents cérébraux.

A Ussel (Corrèze), des bohémiens de
passage, voulant convaincre d'incrédules
habitants du pays de la salubrité de la

fausse oronge, en mangèrent une petite quantité sans leur faire subir aucune préparation. Au bout de quelques heures, la famille entière, qui se composait de huit ou dix individus, était en proie à une violente surexcitation nerveuse.

La personne qui me citait le fait me disait qu'ils avaient l'air de fous furieux, et qu'ils couraient dans toutes les directions en poussant de grands cris.

Ces accidents se dissipèrent très vite après l'administration de l'émétique et de l'éther à haute dose.

AGARIC PANTHÉRE

La Panthère. — Le Dartreux

(*Agaricus pantherinus.* — SCHOEF.)

Pl. VI. Figure 22.

L'*agaric panthère* croît assez abondamment dans les bois du Limousin, au printemps et en automne. La bourse qui est incomplète, laisse sur le chapeau des taches blanchâtres et entoure irrégulièrement la base tubéreuse du pédicule.

Le pédicule, qui est blanc, haut de cinq à huit centimètres, porte à sa partie supérieure un anneau fugace. Le chapeau varie du grisâtre au brun ; il est hémisphérique, tacheté d'écailles blanches. Les bords sont striés et garnis de débris membraneux. Les lames sont blanches, nombreuses, inégales, à peine adhérentes.

La panthère n'offre pour nous qu'un intérêt secondaire. Le seul champignon comestible avec lequel on puisse la confondre est le champignon de couches brun, qui n'est pas cultivé dans notre département. Mais elle s'en distingue : 1° par ses lames qui sont blanches, tandis que celles du champignon de couches sont rosées ; 2° par son pédicule entièrement lisse.

Elle présente une grande analogie d'action avec la fausse oronge; mais elle est beaucoup plus faible, et par conséquent moins dangereuse.

Je n'ai jamais entendu parler en Limousin d'accidents causés par cette espèce. Dans notre pays, ce champignon varie beaucoup de forme et de couleur. Il a plus d'un rapprochement avec plusieurs espèces voisines suspectes ou dangereuses, dont il est très difficile de le différencier. On peut expliquer ainsi le désaccord radical existant entre les auteurs. Les uns soutiennent qu'il est inoffensif, d'autres, et en plus grand nombre, le rangent au nombre des plus dangereux.

Il paraît constant aujourd'hui que la vraie panthère est un champignon dangereux. J'ai fait manger à des souris la variété que j'ai dessinée, et elle a toujours causé la mort de ces animaux.

AGARIC BULBEUX

Oronge-ciguë blanche

(*Agaricus amanita venenosus*).

Pl. IV. Figure 24.

On distingue trois variétés d'*agaric bulbeux*, qui ne diffèrent entre elles que par la couleur du chapeau : la blanche, la jaune et la verte.

Nous ne parlerons que de la blanche et de la jaune, les seules qui puissent se confondre avec les espèces comestibles de notre pays.

L'agaric bulbeux est le plus pernicieux des champignons. Son introduction dans l'économie animale amène presque infailliblement la mort. Aussi lui a-t-on donné le nom d'*oronge-ciguë*.

Ce champignon sort d'une volva complète, qui tache souvent le chapeau de ses débris et qui persiste toujours à la base du pédicule, qu'elle rend très volumineux.

Le pédicule est cylindrique, toujours blanc, plein, mais se creusant et se courbant avec l'âge. Il atteint une hauteur de dix à quinze centimètres. Le chapeau est large de sept à huit centimètres ; il est toujours plus ou moins convexe, sans devenir jamais concave. Les feuillets sont blancs, inégaux, nombreux. Ils n'atteignent pas complètement le pédicule. Dans le jeune âge du champignon, ils sont recouverts d'une membrane qui se détache du chapeau et persiste sur le pédicule en forme de collier rabattu. Le champignon entier est blanc jaunâtre sale et devient brun en vieillis-

sant; son chapeau est quelquefois visqueux.

L'agaric bulbeux ressemble beaucoup à
l'agaric champêtre ; il en diffère toutefois
par sa base volumineuse, par l'adhérence à
la chair de la peau du chapeau, par sa
volva et son collier persistants, quelquefois
aussi par des verrues et par la gracilité de
ses formes.

Mais la principale différence qui existe
entre les deux espèces est la coloration
violette des lamelles de l'agaric champêtre.
Or, comme ce champignon a dans sa jeunesse les lamelles presque complètement
recouvertes par la membrane hyménium, on
comprendra facilement quelles difficultés
éprouvent à les différencier des personnes
peu au courant des caractères botaniques,
et quels malheurs peuvent résulter d'un
emploi irréfléchi.

En Limousin, où l'agaric champêtre n'est
employé que par quelques rares amateurs,
on n'a que très rarement à constater des
accidents causés par l'agaric bulbeux. Ces
accidents sont beaucoup plus fréquents à

Paris et dans les environs, où l'on emploie presque exclusivement l'agaric champêtre.

Nous trouvons dans le *Charentais* un cas d'empoisonnement que, d'après les symptômes, nous devons rapporter à cette espèce :

« Encore, dit le *Charentais*, un empoisonnement par les champignons, dont une famille domiciliée au village du Terrier, commune de Nonac, canton de Montmoreau, vient d'être victime. Le nommé Jean Menudier, propriétaire, âgé de cinquante ans, et son fils firent leur repas avec des champignons connus sous le nom vulgaire d'*oronges blanches*. Ils furent pris la nuit suivante de violentes coliques et d'abondants vomissements ; deux médecins furent appelés auprès d'eux, mais malgré leurs soins, l'enfant, âgé de douze ans, succomba dans la journée, et dans la soirée de ce même jour, le père était à la dernière extrémité. »

L'agaric bulbeux est très commun chez nous au printemps et en automne. Il doit ses propriétés délétères à deux poisons qui s'y trouvent réunis : l'un, fixe, est

un poison âcre qui détermine les accidents gastro-intestinaux par son contact
avec les muqueuses; l'autre, découvert par
M. Boudier, qui l'a nommé *bulbosine*, est
un poison des plus dangereux, qui stupéfie
le système nerveux.

Ce dernier poison est d'autant plus dangereux qu'on le trouve dans toutes les parties du champignon. Il résiste à l'ébullition
et à la dessication, soit à l'air, soit au
feu. On parvient pourtant à l'enlever au
moyen du procédé Gérard, mais la chair du
champignon conserve un goût âcre et une
saveur nauséeuse qui la rendent impropre
à l'alimentation.

Dans les cas d'empoisonnements par l'a-
garic bulbeux, on doit, après les vomitifs et
les évacuants, administrer au malade une
solution concentrée de tannin, qui a la propriété de précipiter la *bulbosine*.

AGARIC CITRIN

Amanite à verrues. — Amanite citrine.

(Agaricus amanita verrucosus. — Pers.*)*

Pl. VI. Figure 21.

L'amanite citrine a les propriétés vénéneuses et presque tous les caractères de l'agaric bulbeux, dont elle est une variété.

La bourse laisse toujours des aspérités nombreuses sur le chapeau ; elle persiste toujours au pied du pédicule, qui est bulbeux, plein, légèrement conique et de couleur blanchâtre. Ce pédicule atteint une hauteur de dix à quinze centimètres. Avec l'âge il devient creux à l'intérieur. Ce magnifique champignon a un chapeau de couleur jaune-paille, quelquefois citron ou rougeâtre, plus foncé au centre. Il est d'abord hémisphérique, puis en parasol, et légèrement strié sur les bords. Il atteint en général une largeur de sept à huit centimètres. Les feuillets sont nombreux, inégaux, blancs, un peu arqués et recouverts, dans le jeune âge du champignon, d'une membrane qui se déchire pour former un collier denté rabattu sur le pédicule.

L'amanite citrine pousse abondamment sur la lisière des bois, au commencement de l'automne ou vers la fin de l'été.

C'est la variété la plus abondante de l'agaric bulbeux en Limousin.

AGARIC EMETIQUE

Emétique

(*Agaricus russula emeticus.* — PERS.)

Pl. IV. Figure 19.

Ce champignon présente une telle ressemblance avec la *russule alutacée* (rou-
geote) et la *russule* comestible, qu'il est
impossible de les différencier si l'on n'a
fait une étude spéciale de ces espèces. On
le reconnaît facilement à son goût âcre, qui
provoque les vomissements.

L'*agaric émétique* compte quatre variétés
qui pourraient faire courir les plus graves
dangers par leur confusion avec les espèces
alimentaires.

La première, toute blanche, verdit parfois au centre du chapeau.

La deuxième a le chapeau fauve et les
feuillets blancs.

La troisième a le chapeau et les feuillets
jaune-terreux, avec le pédicule blanc.

7*

La quatrième a le chapeau rouge, avec le pédicule et les feuillets blancs.

C'est cette dernière espèce que j'ai dessinée à cause de sa ressemblance avec les russules comestibles.

L'agaric émétique est un poison violent. Ses propriétés vomitives lui ont valu le nom d'*émétique*.

On le trouve abondamment dans les bois et les châtaigneraies en été et en automne, côte à côte avec les russules comestibles.

AGARIC RUSSULE SANGUIN

(*Agaricus russ. sanguineus.* — Bull.)

Pl. VI. Figure 23.

L'agaric sanguin a un chapeau charnu, convexe dans le jeune âge, puis légèrement concave, et de couleur rouge de sang. Les feuillets sont blancs, minces, étroits, très serrés et très nombreux, décurrents sur le pédicule. Le pédicule, qui atteint une longueur de cinq à six centimètres, est d'abord plein, puis creux, spongieux. Il est de couleur blanche, légèrement teinté de rose dans sa partie inférieure. Sa chair est ferme, blanche, et ne changeant pas de couleur au contact de l'air. La saveur est âcre, amère, nauséeuse, son odeur est faible. Il se pèle difficilement, et on peut détacher les feuillets du chapeau sans les rompre. On le trouve abondamment dans les châtaigneraies, en compagnie des russules comestibles.

Tous les auteurs s'accordent à constater ses qualités vénéneuses.

AGARIC BOUCLIER

Coulemelle d'eau

(*Agaricus clypeolarius.*)

Le pédicule de ce champignon est blanc ou roussâtre, creux, ordinairement cotonneux sur sa partie inférieure ; il s'élève à douze ou quinze centimètres au plus. Son chapeau de couleur blanchâtre est d'abord ovoïde, puis plane ou convexe, à centre toujours proéminent, avec bords redressés.

Il est moucheté de roux surtout au centre.

On le trouve assez abondamment en été et en automne, dans les endroits humides et ombragés des bois. Presque tous les auteurs le donnent comme vénéneux ; M. Roques seul assure qu'il est inoffensif.

J'en ai fait manger plusieurs fois à des souris sans qu'elles parussent en être incommodées ; je suis loin, toutefois, de regarder ces expériences comme assez concluantes. Je crois au contraire qu'il sera toujours prudent d'apporter un grand soin à distinguer la coulemelle d'eau de la filleule, avec laquelle elle a une grande ressemblance, jusqu'au moment où sa complète innocuité sera démontrée. Sa taille, petite relativement à celle de la filleule, et son odeur désagréable devraient suffire à établir la distinction.

AGARIC MEURTRIER

(*Agaricus necator.* — BULL.)

(*Agaricus torminosus.* — SCHOEF.)

Agaric à coliques

Pl. V. Figure 17.

L'agaric lactaire meurtrier a un chapeau

couleur incarnat plus ou moins foncé, quelquefois rougeâtre ou d'un jaune ferrugineux. Le chapeau d'abord convexe, se déprime au centre et devient en entonnoir. Il est ordinairement zoné et pelucheux sur les bords, mais sur beaucoup d'individus ce caractère est à peine apparent. Les lamelles sont presque toujours jaunâtres, rarement d'un blanc sale, légèrement décurrentes sur le pédicule, qui est court et ordinairement fusiforme. La chair est blanche; elle laisse exsuder, lorsqu'on la brise, un suc jaunâtre d'une saveur caustique.

Bulliart, assure qu'il est très dangereux, il le dit très connu à Bar-sur-Aube, sous le nom de *mortou*. Presque tous les auteurs s'accordent à dire qu'on peut le manger impunément, bien qu'il soit dur, indigeste et de mauvais goût. Il est de la plus vulgaire prudence de s'en abstenir.

AGARIC LACTAIRE POIVRÉ

(*Agaricus lact. piperatus.* — Scop.)

(*Agaricus acris.* — Bull.)

Pl. V. Figure 18.

Ce champignon a un chapeau glabre,

convexe, un peu déprimé au centre, ondulé et sinué sur les bords qui sont roulés en dessous, d'un blanc de neige dans le premier âge. Il s'étend peu à peu, se creuse en entonnoir, atteint parfois une très grande dimension, et prend alors une teinte un peu jaunâtre.

Les feuillets sont très nombreux, inégaux, souvent bifurqués, blancs. Le pédicule est blanc, charnu, plein et cylindrique. Cet agaric a la chair blanche et cassante; elle contient un suc laiteux, abondant et très âcre qui coule par gouttes aussitôt qu'on le blesse. Bien que très âcre, ce champignon peut se manger si on a eu le soin de le faire bien cuire; la chaleur dissipe l'acreté de son suc. Il est prudent, toutefois de s'en abstenir.

Il se trouve très abondamment en été et en automne dans tous nos bois.

TRAITEMENT

DES

EMPOISONNEMENTS PAR LES CHAMPIGNONS

Les empoisonnements par les champignons réclament toujours des secours immédiats, et le salut des malades dépend presque toujours de la rapidité avec laquelle les remèdes sont administrés ; aussi ai-je jugé indispensable de décrire les principaux symptômes qui se manifestent dans les différents cas et les moyens de combattre le mal, afin que, en l'absence d'un homme de l'art, mes lecteurs puissent prendre l'initiative des secours à donner aux empoisonnés.

Je suivrai pas à pas Orfila et tous les auteurs qui se sont occupés de cette partie de la toxicologie.

J'ai mis aussi à profit l'expérience de mon père, qui, dans une longue pratique médicale à la campagne, a eu souvent à observer des empoisonnements de cette nature.

Symptômes. — Les symptômes de l'empoisonnement par les champignons varient suivant l'espèce ingérée. Toutefois, à part la fausse oronge qui agit comme narcotique, on peut dire qu'en général ils agissent comme caustiques ou comme violents émétiques. Les symptômes certains de l'empoisonnement par les champignons ne se manifestent souvent que très tard, six ou huit heures après qu'ils ont été mangés, quelquefois douze, seize et même vingt-quatre heures, selon les espèces. Ils se traduisent habituellement par un sentiment d'oppression très marqué, avec plus ou moins d'intensité, comme pendant une indigestion ; une tension de l'estomac et du bas ventre, avec chaleur et violentes douleurs internes ; de l'anxiété, des nausées, des efforts violents pour vomir qu'il faut se hâter de seconder et même de provoquer s'ils n'arrivent pas assez tôt. Viennent ensuite les tranchées, les évacuations alvines, la cardialgie, la soif ardente, la dyssenterie, l'altération de la face, les convulsions, les défaillances, le délire, la dilatation de la pupille, la stupeur, le hoquet, les sueurs froides. Un grand nombre de champignons causent dans toute l'étendue du tube digestif une violente irritation, suivie d'une inflammation qui dégénère promptement en gangrène et amène souvent la mort.

Peu d'heures quelquefois suffisent pour que le malheureux empoisonné passe du premier au dernier des accidents que je viens d'énumérer ; d'autres fois cela n'arrive qu'au bout de plusieurs jours.

Il peut arriver aussi que, au lieu d'éprouver tous ces symptômes, la victime n'en éprouve que quelques-uns des principaux. Toutefois on doit se hâter d'apporter remède au mal, sans attendre que les évacuations se soient opérées naturellement, car la mort serait infaillible.

La première préoccupation du médecin doit se porter sur la détermination de l'espèce ingérée par l'empoisonné. M. Boudier a indiqué, pour reconnaître l'espèce ingérée, un moyen scientifique des plus exacts, fondé sur l'examen microscopique des spores du champignon. Il est regrettable que ce moyen tout scientifique, d'une utilité incontestable en médecine légale, ne puisse s'employer dans nos campagnes.

Traitement. — Je dois dire d'abord qu'il n'existe pas à proprement parler, contrairement à l'idée répandue dans le le public, de contrepoison des champignons. C'est donc bien à tort que l'on prône exclusivement comme antidote, soit l'éther, soit l'ammoniaque, soit les acides. Ces divers moyens, employés avec discernement après les vomitifs et les purgatifs, peuvent rendre des services ; mais administrés au début de l'empoisonnement, ils amènent promptement des accidents qu'il n'est plus possible d'enrayer.

Les champignons, je l'ai déjà dit, sont des végétaux fortement nourrissants, et conséquemment très souvent indigestes. Lorsque l'espèce dont on a fait usage est suspecte ou laisse le moindre doute dans l'esprit du malade, on doit toujours, lors des premiers symptômes d'indigestion, provoquer les vomissements, soit en chatouillant le gosier avec une plume sèche ou imprégnée d'huile, soit en faisant boire de l'eau tiède seule ou coupée d'huile. Si l'on ne parvient pas à provoquer les vomissements à l'aide de ces moyens, il est indispensable, dans le cas où l'on serait privé du secours d'un médecin, de faire prendre sans le moindre retard quinze ou vingt centigrammes d'émétique dissous dans un verre d'eau tiède. On pourrait, si on manquait d'émétique, le remplacer par soixante-quinze centigrammes de sulfate de zinc. Il est encore mieux d'administrer au malade un éméto-cathartique composé de quinze centigrammes d'émétique et de trente grammes de sulfate de soude dissous dans un verre d'eau, pris en deux fois à cinq minutes d'intervalle.

En un mot, on doit provoquer les vomissements par tous les moyens, et le plus tôt possible; le but à atteindre est de vider promptement l'estomac et d'empêcher les champignons d'arriver dans les intes-- tins, car alors le danger serait beaucoup plus grand.

Si le sommeil survient, on le combat en administrant par cuillerées à bouche et de temps en temps la potion suivante :

Acétate d'ammoniaque   5 grammes.

Eau sucrée. . . . . . 125 grammes.

S'il n'était pas possible de se procurer ce remède, on pourrait arriver au même but en donnant du café à haute dose.

Après les vomissements, on continue à faire boire de demi-heure en demi-heure de l'eau tiède, dans laquelle on a mis seu- lement le tiers ou le quart d'émétique de ce que contenait la première potion, c'est-à- dire cinq centigrammes par verre.

Comme il serait possible qu'un commen- cement de digestion eût fait passer quelques parties des champignons dans les intestins, on provoquera l'évacuation en faisant pren- dre soit trente ou quarante grammes d'huile de ricin, soit une bouteille d'eau de Sed- litz. On administrera en même temps des lavements préparés avec une solution de sel gris ou de l'eau de savon blanc, ou mieux encore avec six grammes de séné et quinze grammes de sulfate de magnésie, jusqu'à évacuation complète.

Il est important de ne pas employer le tabac, ainsi que cela a été pratiqué bien à tort : non-seulement le remède serait inefficace, mais encore il serait dangereux.

Lorsque par ces divers moyens l'estomac et les intestins ont été parfaitement nettoyés, et qu'on ne voit plus de traces de champignons, on emploie les adoucissants pour combattre l'irritation qui s'est inévitablement produite.

A cet effet, l'on donne en tisane de l'eau de gomme, de graine de lin ou de racine de guimauve ; on fait prendre des bains ; on applique des cataplasme émollients sur les points douloureux ; on pose même des sangsues lorsque l'inflammation est trop grande.

Si la tête est prise, on a recours aux révulsifs, comme les sinapismes et les vésicatoires aux jambes.

8*

Dans tous les cas, quelle que soit la gravité des accidents, on doit toujours réclamer le plus promptement possible les soins d'un médecin.

M. Boudier propose de donner après les vomissements une très légère solution d'iodure de potassium, par cuillerée à bouche, de temps en temps.

L'infusion de noix de galle, le tannin peuvent aussi être donnés avec avantage, car ils précipitent le principe vénéneux des amanites.

On a préconisé l'éther pour faire cesser les troubles nerveux, et on a obtenu d'excellents résultats. Il faut qu'il soit donné sous forme de potion, mais seulement après que les champignons ont été complètement évacués. Si on l'administrait hors de propos, son emploi, loin d'améliorer la situation du malade, serait très nuisible, parce qu'il aiderait à la dissolution du principe vénéneux.

Voici la formule de la potion éthérée donnée par Orfila, à prendre par cuillerées à bouche jusqu'à la cessation des accidents :

Éther sulfurique . . .   15 grammes.
Eau de fleurs d'oranger 125 grammes,
Sirop d'écorce d'oran-
    ges. . . . .   60 grammes.

Au début d'un empoisonnement, il faut se garder avec grand soin de faire prendre aucun liquide digestif, de quelque nature qu'il soit : ce serait faciliter la transmission du poison dans les organes et amener infailliblement la mort. Donc, point de vinaigre, point d'eau salée, point de liquides spiritueux ni aucune substance ayant la propriété d'agir directement sur les champignons pour les rendre digestibles. On ne saurait trop insister sur ce point ; car, à la campagne, on a l'habitude funeste de gorger les malades de ces liquides, sous prétexte de leur donner des cordiaux.

Malgré les soins les plus méthodiques, à la suite d'un empoisonnement dont les accidents ont été conjurés, les malades ne sont pas encore guéris : plusieurs jours, quelquefois de longs mois, sont nécessaires à leur complet rétablissement.

Pendant la convalescence, il faut suivre

un régime sévère, surtout lorsque les organes ont été vivement atteints par le poison.

On doit commencer par le laitage, la crème de riz, la fécule de pommes de terre, les bouillons légers, qui doivent former la principale nourriture du malade, et ce n'est que peu à peu qu'on passera à des aliments plus solides.

Si le poison a particulièrement énervé le système général des forces, on doit prescrire au contraire un régime stimulant et fortifiant. Ainsi les bouillons gélatineux, les viandes blanches, le vin vieux, les préparations de quinquina, les cordiaux, forment alors la base du traitement.

De tous les accidents qui suivent l'empoisonnement par les champignons, l'inflammation des intestins est le plus fâcheux. On doit combattre cette inflammation par un régime doux. On donnera des lavements émollients, on appliquera des cataplasmes, on fera prendre des bains, on administrera intérieurement des boissons mucilagineuses.

Je bornerai là mes indications; lorsque la

maladie en est arrivée à la période de convalescence, on a toujours eu le temps de
prévenir un médecin, seul bon juge en la
matière, qui suivra les accidents pas à pas et
appliquera en son temps chacun des moyens
indiqués ci-dessus.

FIN.

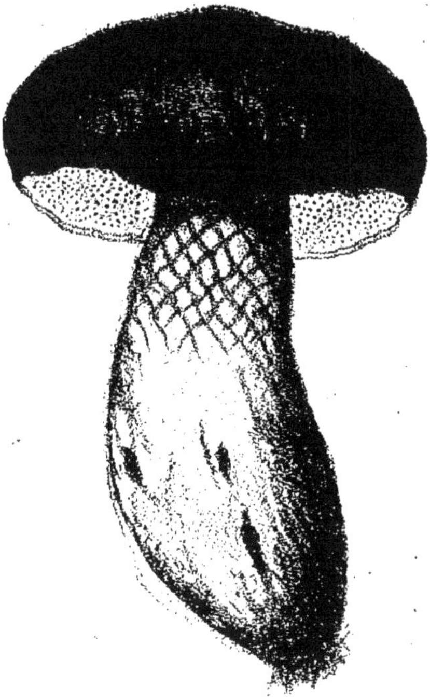

1. Bolet Comestible.

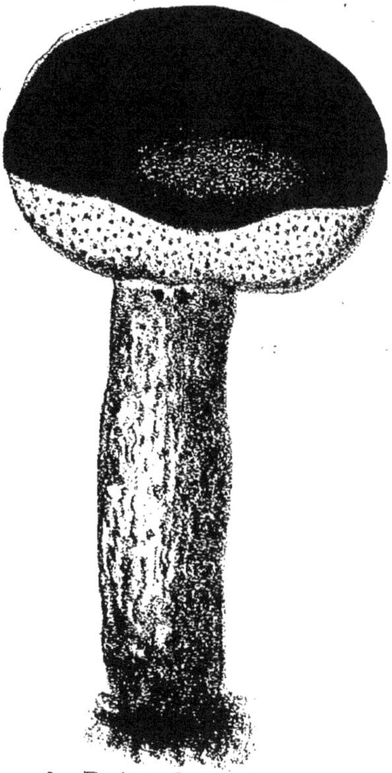

2. Bolet Orangé.

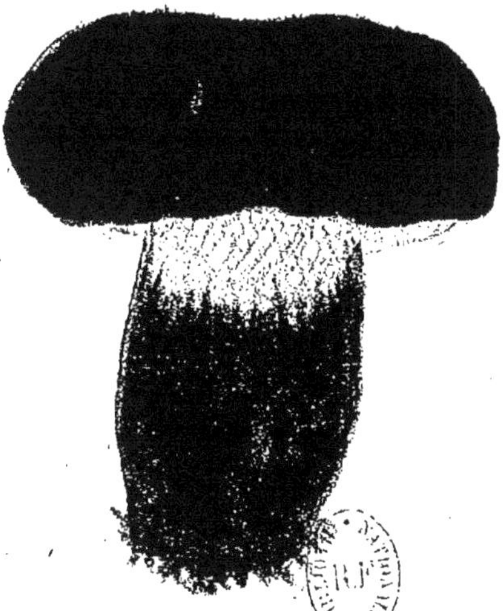

3. Bolet Bronzé.

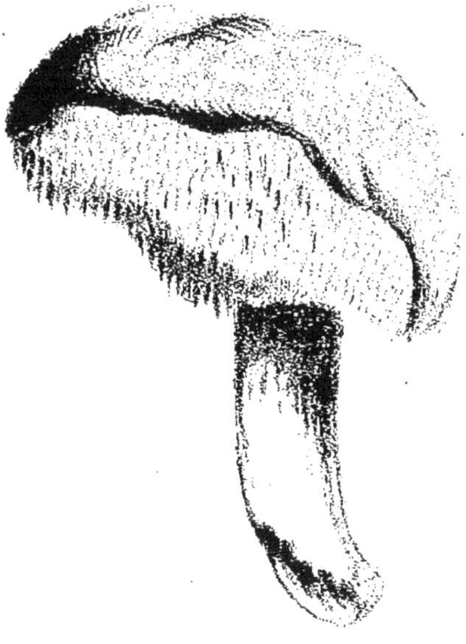

4. Hydne Sinué.

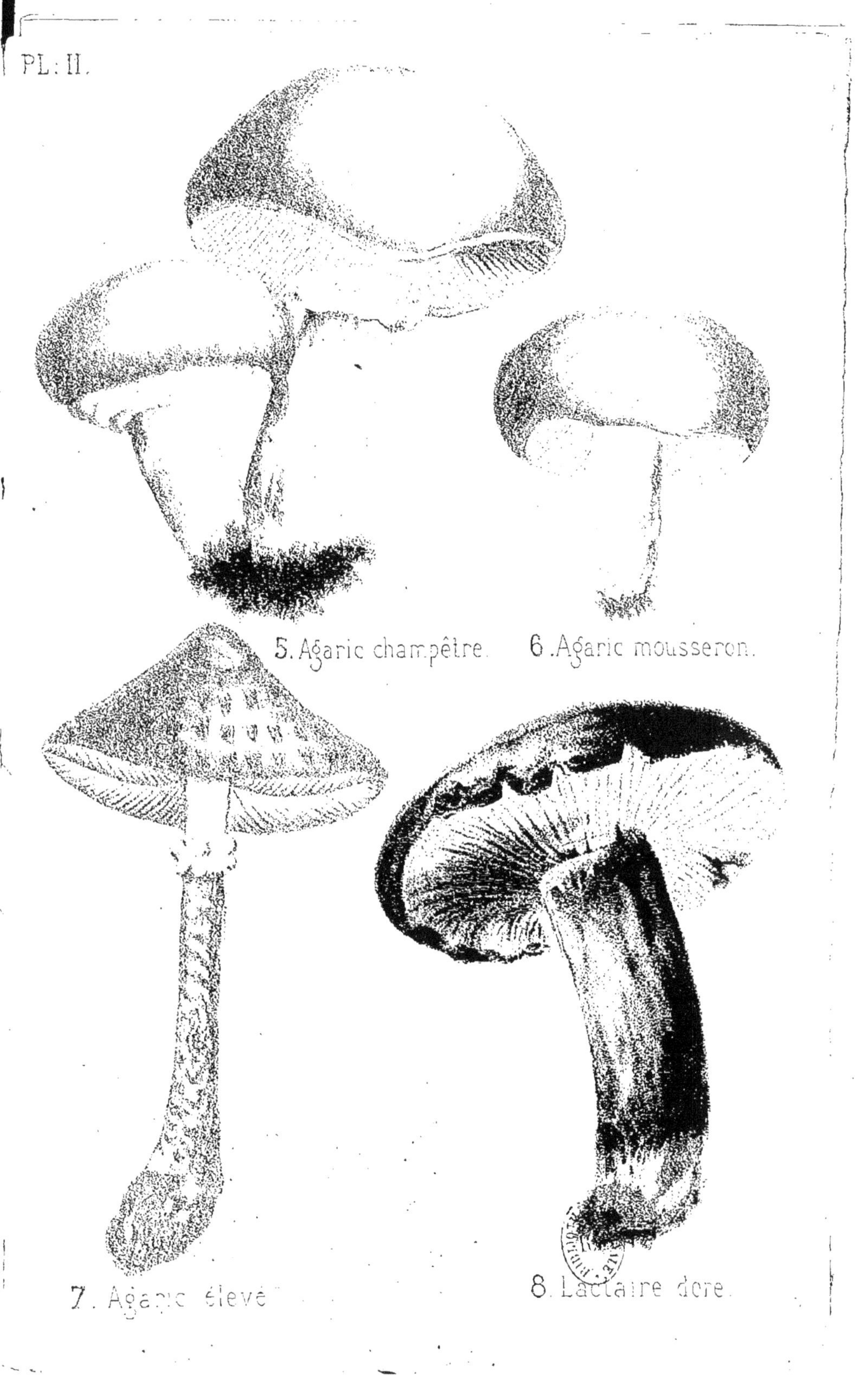
5. Agaric champêtre.
6. Agaric mousseron.
7. Agaric élevé
8. Lactaire doré.

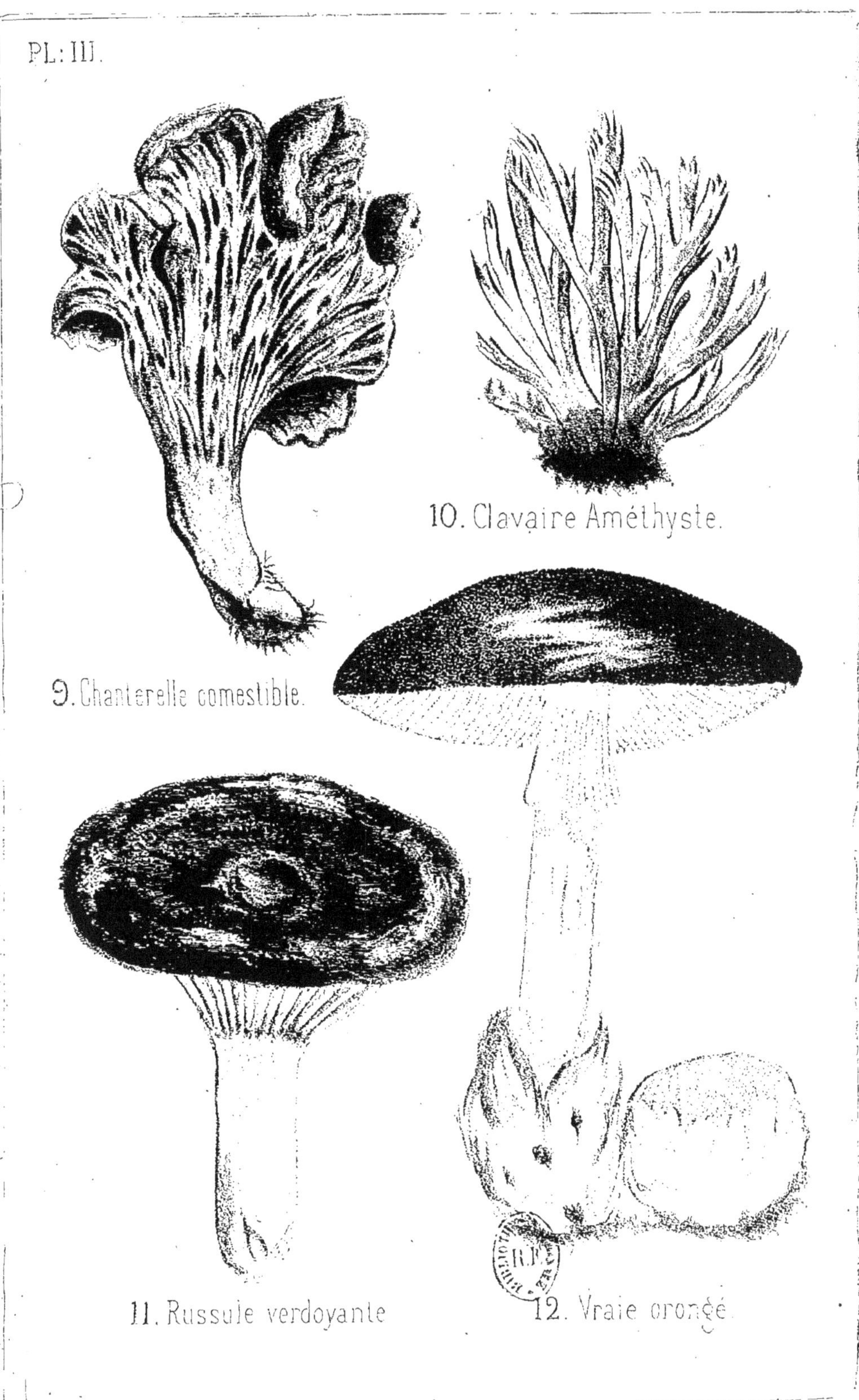

9. Chanterelle comestible.
10. Clavaire Améthyste.
11. Russule verdoyante
12. Vraie oronge

14. Bolet Chrysentere

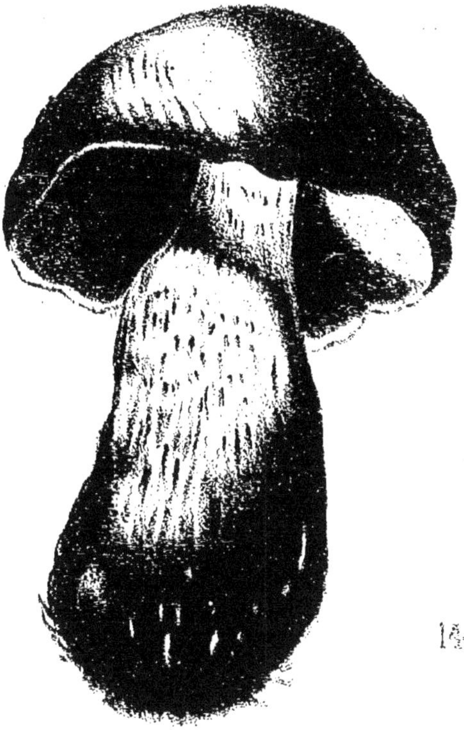

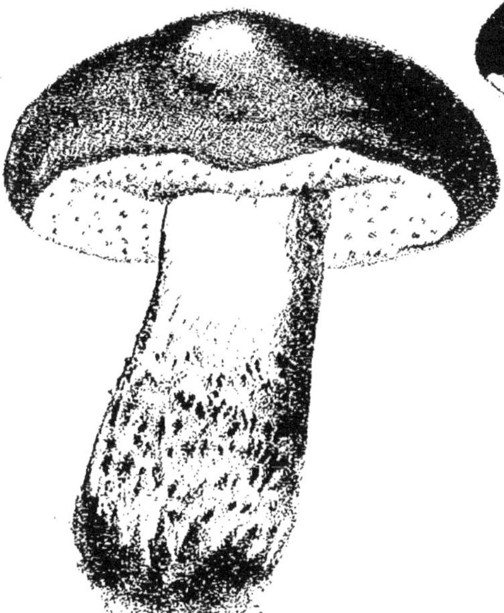

13. Bolet Pernicieux

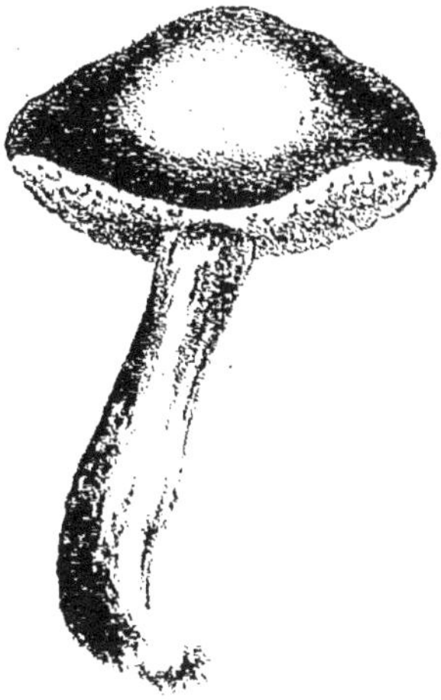

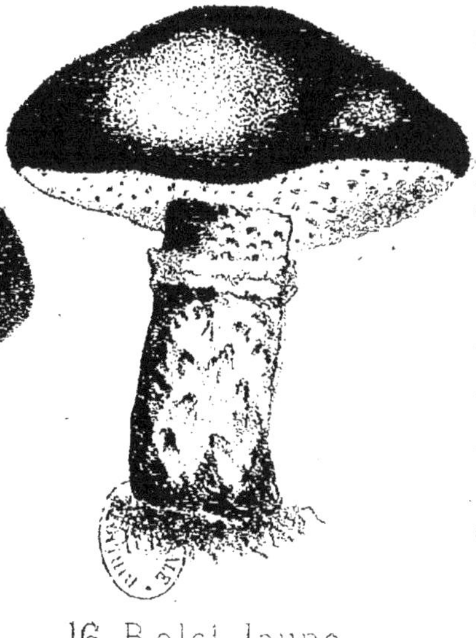

16. Bolet Jaune

15. Bolet à pied rouge

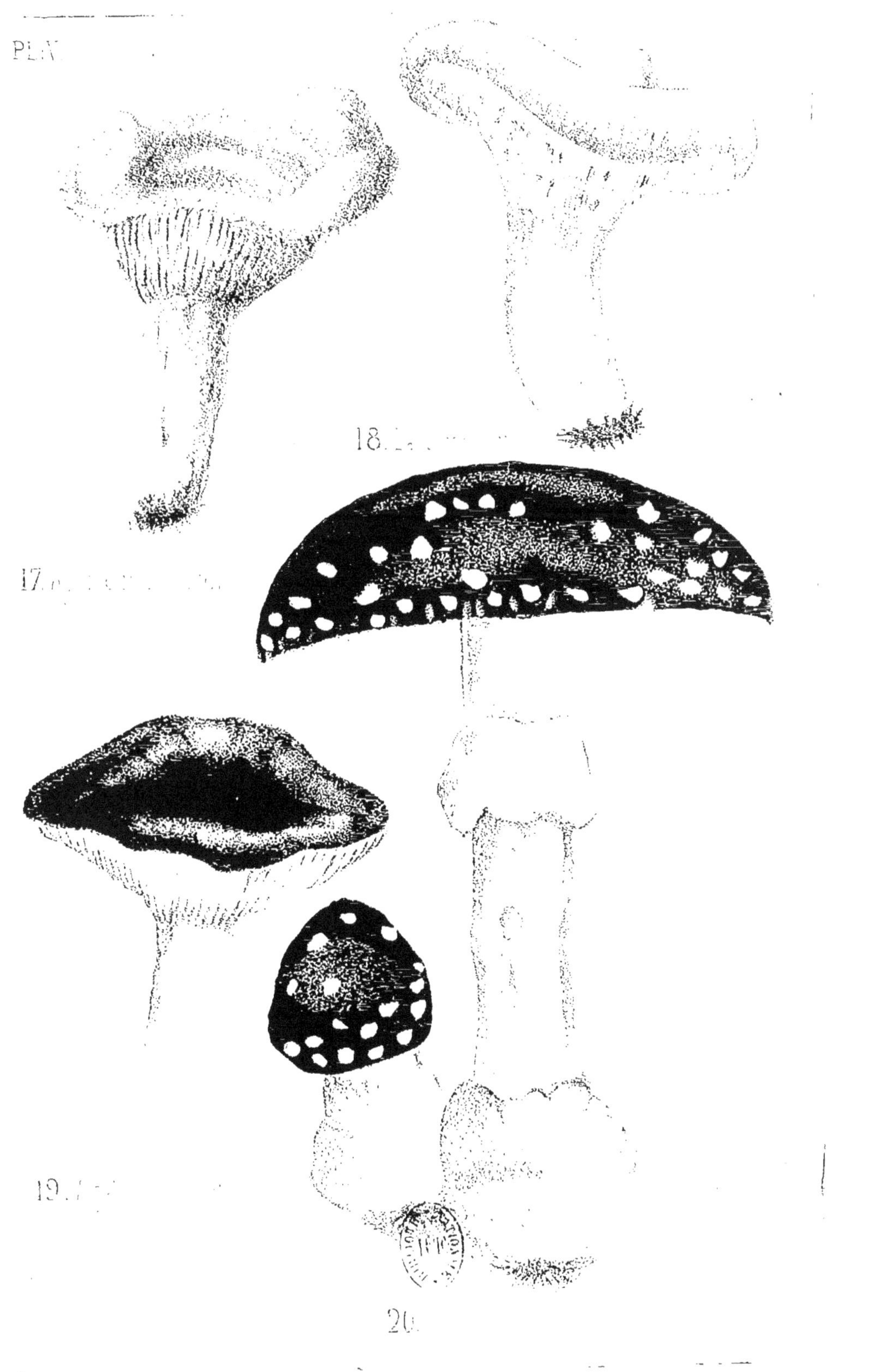
PL.X
18.
17.
19.
20.

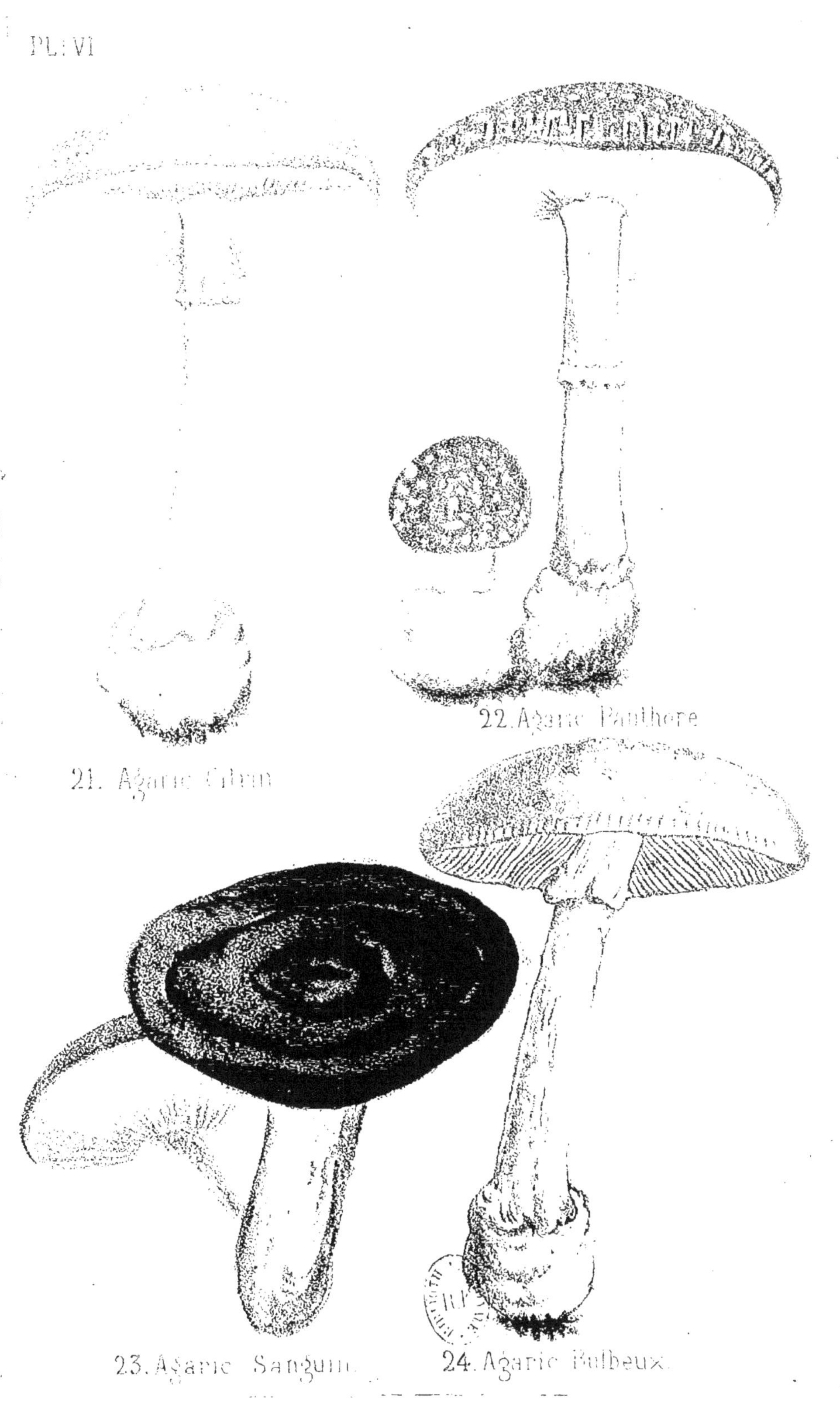
21. Agaric Citrin
22. Agaric Panthère
23. Agaric Sanguin
24. Agaric Bulbeux

Champignons comestibles

PLANCHE Iʳᵉ.

Fig. 1. Bolet comestible.
    2. Bolet orangé.
    3. Bolet bronzé.
    4. Hydne sinué.

PLANCHE II.

Fig. 5. Agaric champêtre.
    6. Agaric mousseron.
    7. Agaric élevé.
    8. Agaric lactaire doré.

PLANCHE III.

Fig. 9. Chanterelle comestible.
    10. Clavaire améthyste.
    11. Russule verdoyante.
    12. Vraie Oronge.

9*

Champignons vénéneux

TABLE DES MATIÈRES

CHAMPIGNONS COMESTIBLES :

TABLE

Limoges, Imp. v° H. Ducourtieux, rue des Arènes, 5.